海岛型石化项目工程爆破作业

现场安全管控关键技术研究

叶继红　著

上海交通大学出版社
SHANGHAI JIAO TONG UNIVERSITY PRESS

内容提要

　　工程爆破作业涉及人员较多，工序复杂，容易发生安全事故。我国的海岛石化基地建设刚刚起步，数千人在远离大陆的离岛上施工，人员管理难度较大，安全形势严峻，海岛工程爆破作业现场安全管控技术研究势在必行。本书依据工程爆破作业现场监控预警的相关理论和技术，结合海岛环境的特点，以某海岛型石化基地爆作业现场为研究对象，研究其安全管控关键技术。依据人员监控预警相关理论与海岛工程爆破的实际现状，结合通信、组网、定位、数据处理等技术手段对海岛工程爆破作业现场事故风险进行分析，对海岛工程爆破作业现场建立监控系统，包括作业现场人员监控预警系统、边坡监测预警系统构建。

　　本书可供工程管理、安全管理、安全技术相关人员参考。

图书在版编目（CIP）数据

　　海岛型石化项目工程爆破作业现场安全管控关键技术
研究 / 叶继红著 . —上海：上海交通大学出版社，2022.9
　　ISBN 978-7-313-23778-1

　　Ⅰ . ①海… Ⅱ . ①叶… Ⅲ . ①岛—石油化工—化学工程—
爆破施工—安全技术—研究 Ⅳ . ① TE65

　　中国版本图书馆 CIP 数据核字（2020）第 174853 号

海岛型石化项目工程爆破作业现场安全管控关键技术研究

HAIDAOXING SHIHUA XIANGMU GONGCHENG BAOPO ZUOYE XIANCHANG ANQUAN
GUANKONG GUANJIAN JISHU YANJIU

著　者：叶继红			
出版发行：上海交通大学出版社		地　址：上海市番禺路 951 号
邮政编码：200030		电　话：021-64071208
印　刷：广东虎彩云印刷有限公司		经　销：全国新华书店
开　本：710mm×1000mm　1/16		印　张：20.5
字　数：141 千字		
版　次：2022 年 9 月第 1 版		印　次：2022 年 9 月第 1 次印刷
书　号：ISBN 978-7-313-23778-1		
定　价：158.00 元		

前　言/Preface

　　随着经济全球化进程的不断加快，石化工业已成为全球经济一体化最活跃的产业之一。石化工业在全球空前发展的背景下，有一个共同的特点就是其重心基本落在了沿海地区，特别是拥有优良港口岸线的海岛。由于依托海岛港口资源，将港口码头纳入工业生产线组成部分，可节约大量生产成本，因此海岛型石化工业得到快速发展。但是，由于海岛地理位置的特殊性，在石化项目建设过程中石料输送却增加了建设成本，"就地取材"便成为海岛石化项目建设过程中石料供给的首选之策。我国的海岛石化基地建设技术还不成熟，再加上海岛的气候多变，给原本通过工程爆破进行矿山开采获取石料的作业增加了巨大的安全压力。由于工程爆破作业涉及人员众多，工序复杂，因此提升海岛型石化项目工程爆破作业现场安全管控技术水平

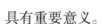

具有重要意义。

本书共分为七章。在第1章"绪论"中，简单介绍了本书的研究背景和意义、目前国内外相关研究现状以及本书的研究内容。在第2章"理论基础"中，从系统安全理论和事故致因理论角度叙述了监测预警模型，简述监控预警模型的实现路径；从理论维度、方法维度和构建维度阐述工程爆破监测预警系统的三维结构模型。在第3章"海岛工程爆破作业系统风险辨识与安全评价"中，以中国重点打造七大世界级石化基地之一——舟山国际绿色石化基地建项目为例，对其进行海岛工程爆破复杂性及有害效应分析，筛选安全影响因素构建ISM模型，在此基础上搭建监控预测模型，并进行模糊综合评价。在第4章"海岛工程爆破安全监控系统设计研究"中，基于安全监控对工程爆破的重要性，从海岛工程爆破安全监控系统总体设计、监控系统安全性的评估方法以及安全监控系统的可靠性分析三个角度介绍如何建立准确可靠的海岛工程爆破安全监控系统，并如何对监控进行有效性评估。在第5章"海岛工程爆破作业现场边坡稳定性预警系统构建"中，使用事故树分析法对边坡稳定性进行分析，搭建海岛工程爆破作业现场边坡监测预警指标系统，分析各指标要素的权重，并基于 LabVIEW 对边坡监测预警系统进行设计。在第 6 章"作业现场人员监控预警系统研究"中，基于"以人为本"的思想，系统地介绍了如何在 Bow-tie 模型的基础上建立专门针对现场作业人员的安全监控预警系统。在第 7 章"结论与展望"中，对本书中的研究成果进行了总结，并对笔者未来的研究内容做简单的阐述。

本书基于系统的科学理论，对海岛工程爆破监测预警系统进行了较为系统的阐述，有所侧重地对边坡稳定性和现场作业人员的安全监控预警系统进行了深入讨论。但是，由于时间、精力以及能力有限，在这些研究与分析中难免会存在不当之处，敬请各位同人和读者提出宝贵意见。今后，我们还将继续努力，系统深入地开展对海岛型石化项目工程爆破作业现场安全管控关键技术的研究。

本书获得中国爆破行业协会"舟山绿色石化矿山开采爆

破工程科研项目"以及浙江海洋大学出版基金资助，在此表示

感谢。

目 录 / Contents

第 1 章

绪 论

1.1　研究背景和意义

以靠近海岸的无人或少人的岛屿建设石化基地可以减少土地使用成本，减少舆论压力，还可以通过填海造地拓展发展空间[1]。石化基地所需的原料和产品运输量较大，而沿海岛屿拥有丰富的岸线资源，可以建设大型码头，方便产品的运输。石化项目中有许多污染物，在海岛环境下可以充分利用洋流与海风加快污染的稀释，减少相关污染物的灾害性富集。因此，国家正在沿海地区的辽宁、浙江与广东等地建设海岛型石化基地。

在海岛型石化项目建设初期，需要进行围堤与填海工程来增加建设用地，但所需石料稀缺，海上运输石料交通不便且成本较高，故通过工程爆破作业进行矿山开采获取石料。由于海岛环境下气候多变，台风、暴雨和雷暴等极端天气难以预测，并且工程爆破作业涉及的人员较多，工序复杂，因此容易发生安全事故。我国的海岛石化基地建设才刚刚起步，数千人在远离大陆的离岛上施工，人员的管理难度较大，安全形势严峻，因此对海岛工程爆破作业现场安全管控技术进行研究势在必行。

本书依据工程爆破作业现场监控预警的相关理论和技术，结合海岛环境的特点，以 6000 万吨／年海岛型石化基地爆破作业现场为研究对象，研究其安全管控关键技术，对提高在此种作业现场的安全管控水平有重要意义。

1.2 国内外研究现状

1.2.1 风险评估国内外研究现状

风险管理可以划分为四个阶段：风险识别、风险评估、风险控制、风险记录。其中风险评估是国内外研究的重点。风险评估是运用各种评估方法计算、分析风险的大小，从而为进一步的研究提供指导性操作信息。

1. 国外风险评估研究现状

风险管理最早起源于公元前916年的共同海损制度[2]，是研究风险的第一步，是风险管理思想的雏形。

现代意义的风险评价起源于20世纪30年代美国的保险业，即为美国保险业协会所从事的风险评价。到20世纪60年代，开始了全面、系统地研究风险评价。在这一时期，出现了一系列的评价技术，例如事故树分析法（FTA）、灰色评价方法和模糊综合评价法，这使得人们可以从不同角度研究风险评估。H. H. Einstein 教授是世界上第一个采用风险评估来研究隧道工程不确定问题的学者，其主要贡献是提出了隧道工程应该采用风险评估来考虑不确定性问题的理念，用以解决工期、成本与投资风险的关系，给后来的学者指明了一条解决隧道工程不确定性问题的道路[3]。20 世纪 50—60 年代，在欧美对核电厂安全评估研究的过程中，风险分析法应运而生。20 世纪 70 年代，美国著名数学家萨蒂教授提出了层次分析方法[4]。该方法能把定性因素定量化，并能在一定程度上检验和减少主观影响，使评价更趋科学化。该方法通过风险因素间的两两比较，形成判断矩阵，从而计算同层风险因素的相对权重。

2. 国内风险评估研究现状

20 世纪 80 年代，我国风险评价工作逐渐起步，并且发展迅速。一些重工业也开始使用危险与可操作性分析（HAZOP）、预先危险分析（PHA）的安全评价方法。最近几年，模糊综合评判、多目标决策、层次分析法、神经网络法等多种方法都已用来综合评价各个领域的运营情况。如今，风险管理已在金融领域、航天工程、海洋工程、化学工业、土木工程等众多领域得到积极的发展和深入的应用。

傅金阳等[5]利用专家调查法和模糊层次风险评估方法对工程实例进行了风险评价，结合施工动态监控，提出不同情况下的应对措施，确保了隧道洞口施工安全。范明栋[6]以矿山安全管理体系为研究对象，运用层次分析法和数学模糊评价法建立管理评价体系，为矿山安全管理体系的形成提供了一定的理论依据。贾玉洁、马欣和石金泉[7]通过对矿山爆破中飞石伤人事故进行系统的分析，建立了爆破飞石伤人事故的事故树模型，同时运用层次分析法对该模型进行了风险分析和演算，找出了影响爆破飞石伤人事故的主要因素，并提出了控制这些因素的有效措施。胡国华、夏军[8]基于概率论和灰色系统理论方法，提出用灰色随机风险率来量化系统失效的风险性，并将灰色随机风险率转换为一般的随机风险率，进而用改进的一阶二次矩阵进行计算，在水资源风险分析、水质风险分析等方面得到了广泛应用。

目前，我国虽然在风险评估方面已经有了较大的发展，但总体而言，对安全风险评价的研究还不够完善，仍然停留在定性分析和半定量分析的阶段，仍需要做进一步的研究。

1.2.2 工程爆破国内外研究现状

工程爆破的作业环境随着工业现代化建设的发展变得越来越复杂，企业对爆破安全的要求也越来越高。尽管工程爆破技术已达到了一个很高的水平，但仍然不能完全避免事故的发生。为了精确控制爆破产生的副作用，相关学者做了许多研究，Hoang Nguyen 等 [9] 以测量粒子峰值速度来作为衡量地面震动幅度的关键因素，建立了一种新的混合模型 HKM-CA，用来预测现场爆破产生的粒子峰值速度，以控制爆破对周围环境的不良影响。

在工程爆破行业中逐渐形成爆破精细化的趋势，现代计算机技术与互联网技术的发展也极大地推动了爆破技术朝着数字化、可视化和智能化的方向发展。Saba Gharehdash 等[10] 开发的光滑粒子流体动力学（SPH）法可用于爆破岩石裂缝定量与定性的预测，可用于岩石爆破前的精确建模。为了确保爆破试验的精度，往往需要校准爆破超压测量系统的压电式传感器。Fan Yang 等[11] 通过将可追踪动态校准与动态建模补偿相结合，实现了精确的爆破超压测量，对进一步提高测量精度也提出了相关可行的措施。谢先启等[12] 将三维重建技术运用在拆除爆破中，在爆破前为爆破的工程设计、施工和安全防护等方案的确定提供信息支持；在爆破后，爆破的各项参数通过爆破效果数字化重现可进行定量分析，可以为进一步改进参数提供依据。杨传坤[13] 针对 PC 端的爆破系统受限于施工环境而无法获得实时传输信息的问题，设计开发了一种基于 Android 的巷道爆破辅助系统。施富强等[14] 采用三维激光扫描技术对爆破现场进行扫描，建立实景数字化模型，为实现数字化和智能化提供数据基础。

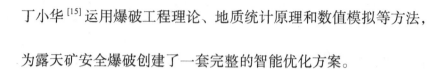
丁小华[15]运用爆破工程理论、地质统计原理和数值模拟等方法，为露天矿安全爆破创建了一套完整的智能优化方案。

半经验与半理论的爆破设计模式仍然是我国爆破行业进行爆破设计的主流模式，再加上爆破对象在结构受力状态及破坏特征等方面的复杂性，使得其在理论研究和实际应用方面仍存在很大差异。上述各种原因导致工程爆破行业的从业单位对信息化技术发展的认知程度不足，对信息技术应用的投入不够，没有合理调整投资结构。

1.2.3　安全预警理论国内外研究现状

预警是指在灾害和危险发生之前，根据以往总结的规律和观测到的可能的征兆，向相关部门发出紧急信号，从而避免或减轻危害造成的损失的行为。预警技术最早运用在经济领域，在一定程度上可以说，经济预警的发展就是预警研究的发展。预警系统理论在宏观领域的应用最早可以追溯到1888年，法国经济学家 Alffed Fourille 在巴黎统计会议上发表了《社会和经济的气象研究》，主张在经济遭遇危机前可以用气象学的方式来进行提前预报[16]。20世纪30年代后，由于经济危机的巨大破坏作用，经济预警研究获得更大的发展机会。20世纪90年代初，Jagdis建立了宏观经济预警指标[17-18]，为系统预警理论的建立打下了基础。20世纪90年代末，R.Hasumoto系统地研究了与企业危机相关的问题，推动了预警理论单纯只从定性或定量分析到两者结合、从单指标预警到多指标预警的转变过程。

国内的安全预警研究因计划经济的影响起步较晚，到20世纪80年代才逐渐受到国内研究者的重视。以谢范科为首的研究人员在国内首次提出"企业预警预控系统"概念，相关企业预警理论著作相继出现[19-20]，之后，非经济领域预警理论的研究也逐渐展开。非经济预警理论一般是以经济预警理论为基础的，如今非经济预警理论主要运用在矿山采掘、危险化学品运输储存和工程爆破等高危行业。郭建[21]通过对井工金矿危险过程的分析，构建了井工金矿采选过程安全预警指标体系，为黄金生产企业提高安全管理水平提供了参考。尹海鹏[22]针对天津开发区的工业园危险化学品运输问题，建立联动的应急管理体系，为工业园区的预警研究提供了帮助。岳远洋[23]以金佛山水利工程中的露天爆破为例，构建了基于可拓展理论的多级露天爆破模型，开发了适用于 Android 平台的露天爆破安全预警 App，实现了对爆破施工过程中薄弱环节的预警。

1.2.4　工程爆破信息化国内外研究现状

早在半个多世纪以前，我国就已经开始了独立自主的爆破作业和爆破技术研究，其中对工程爆破安全监控系统也做了深入的研究工作[24-25]。20 世纪 90 年代，随着世界信息化的发展，我国也开始注重并发展信息化在农业、工业、科学技术和人民生活等各个领域的研究。我国制定了一系列有关安全生产信息化发展的计划，开发利用国家信息资源，建设各个领域的国家信息库，发展安全管理信息技术，就是为了提高国家在各个领域的信息化水平，实现全国信息互通[26]。

然而，直到 21 世纪初，应用于我国爆破行业信息化技术的发展才得到改善。通过专家近 20 年的潜心研究，我国在爆破领域信息化技术研究方面取得了一定的进步，开发出多种可以用于强化危险行业标准化管理的智能软件，对于政府部门对工程爆破行业的安全监管、爆破器材的实时监控信息，以及及时救援等安全管理措施有着极大的推动作用[27]。

2003 年，曲广建等[28]对信息化管理的基础理念、目的和目标做了详细的阐述，同时总结了爆破器材行业信息化管理的特点和主要内容，最后通过举例说明详细描述了爆破器材信息化管理系统的基本设计理念以及功能特点。杜启军、丁小华[29]成功研发了一款爆破智能设计软件，该软件主要是根据包括 GIS 定位系统、MDD 理论、面向对象技术、虚拟仪器、空间统计和与爆破相关的理论等构建的。该软件的主要功能是能够在复杂环境下实现爆破参数设计、模拟和效果评估分析。周向阳等[30]通过信息爆破监督和智能爆破震动试验，对南京某隧道开挖爆破工程进行了有效管理，保证了地铁在运营状态下的正常运行。2013 年，曲艳东等[31]对工程爆破信息化进行了探讨，得出应提高工程爆破信息化水平的结论，提出建立信息化体系是工程爆破发展的趋势。

近年来，为了提高工程爆破行业的信息化水平，中国工程爆破协会多次召开研讨会，实现了我国爆破企业和爆破器材生产企业的安全信息化管理以及管理程序设计和开发的发展，各地方政府和企业先后建立起了大大小小的工程爆破安全信息管理平台[32-34]。但从总体上看，我国工程爆破安全信息化仍处在起步阶段，爆破安全信息化管理的水平还处在初级阶段，而且从事这方面的研究人员还不够多，相关标准和法规也不够完善，尤其在一些小型爆破单位，信息化水平较低，技术和人员都很短缺，对信息化管理重视不足[35]。因此，我国工程爆破的信息化建设任重道远。

1.2.5　安全监控技术国内外研究现状

安全监控技术是一种由计算机、传输和监控等技术互相融合的技术[36]，与工程爆破有着不可分割的关系。其主要的功能是监测工程爆破周围的环境情况和生产过程中设施设备的运行情况，并借助计算机的高效性能对收集到的信息进行分析，以及控制设备的运行，实现对各种信息的实时、准确监测，从而使企业安全管理部门能够更有效地对爆破作业中的环境和设备参数情况进行监控。

国外安全监控技术发展于 20 世纪 60 年代，至今已经发展到了第四代[37]。第一代监控系统是运用了空分技术来实现数据的采集与传输。在 20 世纪 60 年代中期，英国和日本的监控设备都采用了空分技术。第二代监控系统运用了频分技术[38]。由于频分技术极大地减少了传输电缆的使用量，大大降低了企业的成本，于是取代了空分技术。随后 10 年中，由于集成电路的出现，时分制技术应运而生，淘汰了使用频分技术的监控系统，产生了使用时分制技术的安全监控系统[39]，英国当时在时分制技术上发展较快。20 世纪 80 年代后，世界科技迅速发展，尤其是计算机、LSI 和数字通信的技术发展最为猛烈。在这一时期，美国将这些现代技术应用于安全监控系统中，形成了基于分布式微处理器的第四代监控系统[40]。

随着科技的进步，计算机技术和软件、硬件开发技术也不断发展。国内的专家与学者们相继研发出了交换管理器、网络地理信息系统等系统化和信息化的安全监控系统，其主要特点是监控系统的信息化水平有了显著的提升，而且系统软件主要在 Windows 上运行，方便软件的管理和后续开发[41-43]。

近年来，工程爆破的检测和监控技术的开发越来越快。曲广建等[44]运用视频探测、视频压缩和网络通信等技术详细描述了工程爆破远程监控技术。远程监控技术对加强爆破作业安全有着重要的意义。杨年华、薛里和林世雄[45]运用 TC-4850N 无线网络测震系统与传感器和中心服务器组合成爆破震动监控系统，实现了数据的实时传送和远程控制。韩新平、吴崇、王明君和赵建华[46-47]运用物联网技术、通信技术和自动化技术等重点研究了人员与车辆的 GPS 定位系统，促进了露天矿爆破的安全、高效发展。

由上可知，当前国内安全监控技术渐趋完善，逐渐步入了信息化、智能化和远程控制的发展状态。国内安全监控技术的进步也为工程爆破安全监控系统的建造提供了基础条件。

1.2.6　边坡监测技术

近年来，边坡变形监测技术经历了多次重大的技术改进，国内外露天边坡检测技术发展愈发成熟。监测的主要目的是进行监测点的安全预测，为斜坡的建设和设计提供依据，并用于边坡岩土参数的反演分析。从山区岩土工程滑坡灾害防灾减灾和山体滑坡的角度来看，边坡监测技术大致可分为五类：边坡位移监测、支护加固监测、水监测、岩体破裂监测和巡检。

1. 边坡位移监测

边坡变形监测技术的研究已经进行了很长时间。随着传感器技术和计算机技术的迅速发展，边坡监测理论和方法的研究得到了迅速发展。

徐进军、王海城等人[48]为了提高监测对象的精度、密度等指标，在研究中运用了地面三维激光扫描技术与传统测量仪器相结合的方法，从而可以更详细地描述斜坡地面的情况。张超[49]以弯曲理论和共轭梁法为基础，提出光纤光栅传感器测点应变与边坡深层水平位移监测的计算方法，使用光纤光栅测量仪器导出理论模型。光纤光栅测斜仪作为新型边坡监测技术，具有测量精度高、传输距离长及抗干扰性强等优势，能弥补目前测斜仪存在的不足。赵然、熊自明等[50]针对高速公路高边坡的不稳定性，设计了一种基于无线定位技术的滑坡抛洒式位移监测系统。贺凯[51]通过对机载激光雷达系统的组成、测距原理、数据生成和数据处理过程的研究，建立了露天矿边坡的数字高程模型。在三维可视化技术的基础上，李邵军、冯夏庭和杨成祥[52]开展了滑坡监测与变形预测智能分析、滑坡灾害监测与预测、预警系统及其应用。张金钟等人[53]利用机器人地面位移测量监测系统对露天矿边坡进行监测，实现对露天矿边坡的全方位监测。王永增[54]采用三维激光扫描技术结合 GPS 的监测技术，该边坡监测技术适用于各种复杂条件。

2. 支护加固监测

如果坡度不够稳定，则必须使用锚和索来加固坡度，即加固或支撑坡体。加固和支撑斜坡的措施必须与斜坡的滑动表面成一个合理的角度，以确保斜坡的稳定性，因此对边坡的加固和支护监测尤为重要。

根据盾构隧道的施工特点，滕丽[55]采用层次分析法、权重自调整法和模糊数学法构建动态风险评估模型。王兆骥[56]根据现有桩锚支护结构体系的基本计算原理和方法，结合实际工程实例，对深基坑支护工程中桩锚支护结构计算方法、桩锚支护结构施工技术和深基坑降水措施做了进一步研究。为了全面监测桩的桩应变、桩顶位移和土压力，翟永超[57]以 H 形防滑桩和龙门防滑桩为参考，通过安装土压力盒、钢应变仪和千分表等监控设备，完成了复合抗滑桩三维地质力学模型试验平台和多通道动态滑坡试验系统的构建。郭永建、王少飞和李文杰[58]提出一种通过监测数据评估斜坡稳定状态的方法。

3. 水监测

水的影响主要为静水和水动力压力增加了作用在边坡上的载荷，容易引起边坡岩土的滑动和开裂，从而降低了岩土的有效强度，特别是弱结构面。另外，水流对坡脚产生冲洗作用，降低了坡度的稳定性。

何健[59]提出了气体突破压力的修正计算公式，结合 SEEP/W 模块、AIR/W 模块以及 SIOPE/W 模块研究封闭气压力对边坡稳定性的影响，说明在降雨入渗初期气压力对滑坡的发生起着阻碍作用。马世国、韩同春和徐日庆[60]结合强降雨入渗和地下水对边坡稳定性进行了分析，得到土体黏聚力造成边坡失稳的结论。殷晓红、刘庆元[61]阐述了不同类型的地下水对边坡造成的影响以及它们所涉及的作用机理研究。张江伟[62]讨论了定量分析方法中的刚体极限平衡法和基于 ABAQUS 软件的有限元数值分析方法，最终选取有限元分析法进行降雨作用下边坡稳定性模拟分析。

4. 岩体破裂监测

爆破震动测量、声发射测量、微震监测和声学测量都是边坡岩土监测的重要方面。爆破震动测量主要针对边坡开挖：声发射计将裂缝定位在斜坡上，微震仪器可以监测由高陡斜坡的坍塌和落石引起的地震波。通常采用声波法对边坡的破坏程度及其对边坡稳定性的影响进行评价。

许红涛[63]用遗传算法研究了毫秒雷管延迟误差引起爆破震动的最大放大系数、爆破地震波作用下高边坡断层的动力响应特征以及爆破震动下高边坡岩体的局部动力稳定性，基于Sarma 方法在刚体极限平衡分析中通过时程分析研究了爆破震动荷载作用下高边坡的动力稳定性。任月龙、才庆祥等[64]根据结构面抗剪强度退化机理，阐明了渐进式破坏过程中剪切强度变化规律，并结合爆破动载荷机理，修正了震动条件下抗滑力和下滑力计算公式，在此基础上，推导了平面和折叠平面滑坡模式的时效稳定系数的计算方法。

5. 巡检

巡检即巡回检验，是抽检的一种形式。在正常情况下，由于各种原因难以全面监测斜坡，难以对各斜坡进行稳定监测，因此在作业现场需要增加广泛的人工巡检工作。在实际工程中，除了使用各种仪器监测斜坡，还需要对斜坡进行随时监测，以观察斜坡是否破裂或坍塌。为了在人工巡检工作中获得更精确的数据信息，工作人员需要随身带一些方便携带的仪器对巡检边坡做分类定点监测。

综上所述，上述学者研究了工程爆破作业现场爆破技术的发展历程、技术改进以及爆破震动对作业现场边坡的影响。我国的边坡安全监测技术正经历着从传统监测技术向着具有信息化、自动智能化和远程控制监测平台的方向发展。但上述学者在边坡监测预警系统研究中缺少对作业现场边坡稳定性的危险性分析，本书在此基础上研究边坡监测预警系统更加具有意义。

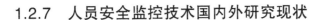

1.2.7 人员安全监控技术国内外研究现状

西方发达国家在智能监控的研究领域投入了大量的人力与物力，使得它们在该领域的研究发展处于领先。1997 年，美国国防部高级研究项目署（Defense Advanced Research Projects Agency，DARPA）设立了视觉监控重大项目 VSAM（visual surveillance and monitoring）[65]，主要研究用于战场实时监控及校园场景的智能视频图像分析。实时视觉监控系统不仅能够实现人员位置的实时定位和人员行为（可疑人员是否携带物体等简单行为）的判定，并通过建立外观模型实现多人监控可以识别异常行为，在严重情况下发出警报。以色列 NICE 公司的 NiceVision 是为应对最严峻的安全挑战而开发的一种用于实时检测与识别危险的智能视频解决方案。该智能视频解决方案包括智能 ControlCenter 解决方案、NiceVision 视频分析模块和 NiceVision 可疑搜索模块，同时还带有扩展性 SDK，可以很轻松地将第三方安全系统集成在 NiceVision 上。NiceVision 视频分析模块不仅可用于对周界入侵检测进行人员管理，还可以控制客观事物变化，如天气状况、车辆的移动和照明的变化等。NiceVision 的可疑人员搜索模块可以在几秒钟之内过滤 90% 的无关图像，通过地图定位和跟踪迅速找到可疑人物的图像。英国的雷丁大学（University of Reading）已经开始重点研究车辆和行人的跟踪及其交互作用的识别[66]。人与运动的分析成了智能监控领域的重点。

特定区域的安全监控技术在煤矿与监狱运用较多。现代通信技术的发展为人员安全监控系统的建设提供了技术支撑和保障。RFID、UWB 和 ZigBee 等物联网技术兴起，已普遍应用在安全监控与应急领域。Zeki 等[67]设计了一种基于被动红外运动检测传感器的交互式安全监控系统，该系统可以捕获任何入侵者的图像，并将其分享给在 Android 平台上使用该系统的所有用户。郑洁如[68]运用 JAVA 编程语言，并结合时下流行的 J2EE 技术、MySQL 数据库和 Web Service 技术，设计了一套服务于基层公安机关和假释人员的移动监控系统。张洋[69]将 Qt 框架运用在结合 RFID 技术的矿井人员定位视频监控系统中，开发了人员视频监控客户端软件。孙晓亮[70]在分析了 ZigBee 无线传感器网络传统定位算法后，重点改进了 RSSI 定位算法，设计了一种具有较高定位精度的新型人员定位监控系统。

由上述研究可知，许多特定区域（如煤矿、监狱、作业车间和办公大楼）的安全监控技术因物联网技术与计算机技术的发展而取得了较大的进步。整体技术含量的提高为安全生产作业保驾护航。在国家实施海洋强国战略的背景下，适用于海岛环境作业生产的安全监控系统的研究将会是安全监控领域今后发展的重要目标，亟待专家学者进行研究补充。

1.3   主要研究内容

首先对海岛工程爆破作业系统进行风险辨识与安全评价，建立 Bow-tie 模型，分析系统的总体需求。对海岛工程爆破作业系统进行安全评价，运用生产流程分析法对工程爆破过程进行风险辨识，运用事故树并结合 Bow-tie 模型对工程爆破过程进行安全评价，构建工程爆破作业应急预警模型，提出事故的预防措施屏障以及应急措施屏障。在此基础上，提出工程爆破作业现场边坡和人员监控的关键技术。

1.工程爆破应急预警模型构建

本节对监测预警基本理论和预警模型基本理论进行分析，最终根据工程爆破安全预警特点设计预警模型实现路径，从而

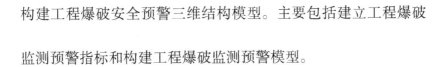

构建工程爆破安全预警三维结构模型。主要包括建立工程爆破监测预警指标和构建工程爆破监测预警模型。

2. 工程爆破监控系统设计

在分析工程爆破作业复杂性和造成有害效应的基础上，得到了工程爆破的安全影响因素及其相互关系，设计一个具有高效、系统、同一等特点的工程爆破可视化监控系统，实现对环境参数、有害效应影响程度和工人情况等的实时监控。在此基础上，运用模糊数学评价方法分析工程爆破系统的可靠性。

3. 工程爆破作业现场边坡监测的关键技术

该技术主要包括对海岛工程爆破作业现场边坡稳定性做危险性分析，构建工程爆破作业现场边坡监测预警指标并计算得出每个预警指标的权重值及权重比例，建立工程爆破作业现场边坡监测系统。

4. 工程爆破作业现场人员监控的关键技术

运用生产流程分析法逐项分析了海岛工程爆破各个环节可能遭遇的风险，识别了各种潜在的危险因素。在此基础上，根据事故树的基本原理与基本流程，建立了海岛工程爆破人员伤亡事故树图。采用 ZigBee 定位技术作为作业现场人员监控预警系统的主要技术，并在此基础上确定了系统的工作原理以及各关键模块的主要功能，搭建工程爆破作业现场人员监控系统。

第 2 章

理论基础

2.1　监测预警模型基本理论

2.1.1　系统安全理论

1. "以人为本"理念

生命是人类进行一切生产活动的保障，安全和生存的需要是人类的基本要求。当今社会，科技不断进步，系统设备不断优化，人、机、环之间的关系得到明显改善，但是人依然充当着系统中十分重要的角色。事故的发生依然主要由人的不安全行为和物的不安全状态造成。相关文献数据显示，不同行业中人的不安全行为造成的安全事故占比依然严峻[71]。因此，为了有效地预警、控制安全事故发生，建立工程爆破安全预警指标应该围绕"以人为本"的核心理念，构建"以人为本"的监测预警模型，从根本上保障人身安全。

2. "安全第一"理念

安全是所有企业生产活动的第一条件，必须以"安全高于一切"为目标。安全与生产是相辅相成、对立统一的，当安全生产环境提升，产量也会有相应提升。在工业界，美国钢铁公司第一任董事长 Elbert Henry Gary 最早提出"safety first"这个词[72]。1906 年，Gary 总结公司多年出现的安全事故，得出重要经验，最终将公司"质量第一"经营方针，更改为"安全第一"[73]。将"安全第一"这项经营方针纳入实际中，促使了企业内部生产生活更加重视安全，同时质量与产量也得到提升，故而在构建工程爆破监测预警模型过程中应全程贯彻"安全第一"、安全高于一切的理念。

3. "预防为主"理念

预防为主，顾名思义，预防安全事故的发生，提前在危险、危机发生的时间和空间范围采用相应的方法和措施，控制事故的发生。"预防为主"理念要求在生产中必须严格执行系统监测，控制所有危险的因素和状况，在事故萌芽刚出现时就要在第一时间发现可能的安全隐患，通过采取各种方法与技术手段加以控制，从而避免安全事故发生，或降低事故损失。

4. "本质安全"理念

本质安全是采取相关措施从事故源头控制事故隐患，从而降低事故发生率，换句话说，就是人们在生产活动中采取科学技术手段[74]，使生产活动实现管理无缺陷、设备无故障，从而有效保障人的身心健康。近年来，我国化工、煤矿等行业安全管理方法已深化融入本质安全技术。目前，我国经济已进入中高速增长时期，安全生产形势依然严峻，研究从根本上消除隐患的"本质安全"理论具有重要的意义。笔者在研究建立监测预警指标时，在建立"本质安全"理论的基础上，提出基于本质安全化的监测预警模型。

2.1.2　事故致因理论

1. 管理失误论

在管理实践中，该理论认为变化—失误是造成事故发生的主要原因。由于一系列的变化—失误连锁，例如企业领导、计划人员、监督者及操作者均能造成管理失误[75]，从而造成事故，如图 2-1 所示。

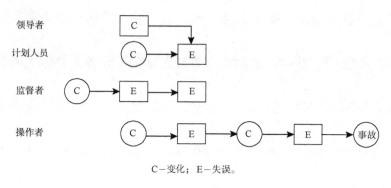

C-变化；E-失误。

图 2-1　变化—失误连锁

该理论认为，由于人的管理失误等因素导致事故和伤亡的发生。由图 2-2 所示的管理失误为主因的模型可见，改善企业环境，提升企业管理系统，可以降低管理失误的发生，则人、机、环的不安全因素可以有效避免。但如果管理失效，而没有及时发现并消除隐患，事故将无法避免，从而造成伤害。

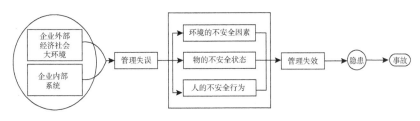

图 2-2 管理失误模型

2. 轨迹交叉论

轨迹交叉论的基本思想如图 2-3 所示，该理论认为，人与物的因素同等重要，当人的不安全行为与物的不安全状态轨迹交叉时就造成安全事故[76]，因此只要两个因素不"交叉"发生就能有效避免事故。按照事故致因理论，从事物发展的角度研究，分别从人和物两方面因素考虑，人的因素与物的因素的运动轨迹的交点，即人的不安全行为与物的不安全状态在同一时间、同一地点发生，则将造成事故，从而造成伤害[77]。总而言之，无论是避免人的不安全行为还是控制物的不安全状态，都能有效避免安全事故的发生。

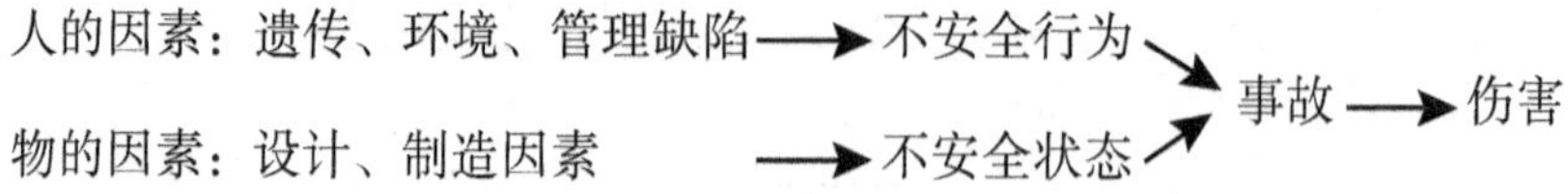

人的因素：遗传、环境、管理缺陷 ⟶ 不安全行为 ↘
　　　　　　　　　　　　　　　　　　　　　　　事故 ⟶ 伤害
物的因素：设计、制造因素　　　　 ⟶ 不安全状态 ↗

图 2-3　轨迹交叉论

3. 能量意外释放理论

事故是一种能量的异常意外释放，是造成事故伤害的直接原因[78]。如果能量转移到人体，且超出人体能承受的最高阈值，就会发生安全事故[79]。能量意外释放理论的原理如图 2-4 所示。能量意外释放理论是由 J.Gibson 提出，由 W.Hadden 引申，明确地提出造成事故的因素间的关系是能量传递的物理过程。

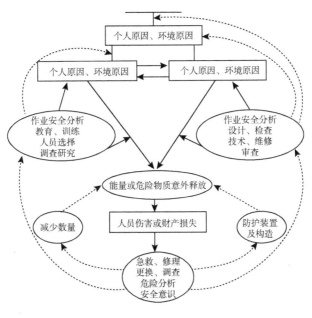

图 2-4　能量意外释放理论

4.事故综合原因论

该理论指出事故是由多维度因素造成的结果，并不是单独某个因素就能引起的[80]。事故综合原因论模型如图 2-5 所示，其事故发生流程为：管理缺陷也就是管理责任导致安全隐患的发生，从而触发偶然事件，造成事故损失和伤亡损失，故而在调查工程爆破作业现场发生事故原因时，应当按照事故发生路径依次调查事故原因，对工程爆破进行综合全面的分析，才能得到合理、科学的致因分析。

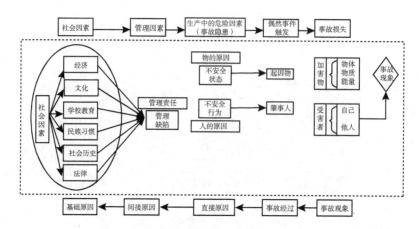

图 2-5　事故综合原因论模型

2.2　监测预警模型的实现路径

2.2.1　工程爆破监测预警的功能

工程爆破监测预警模型是在安全监测的基础上获得预警信息，将其输入模型进行预警状态判断，最后进行警报和安全偏差修正。工程爆破作业现场监测预警模型运行功能如图 2-6所示。

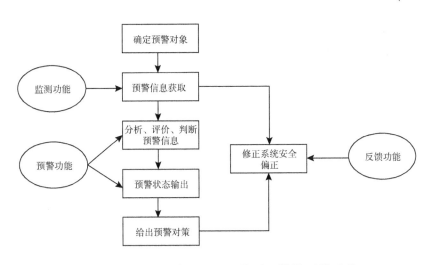

图 2-6　工程爆破作业现场监测预警模型的功能

1. 监测功能

安全监测是工程爆破作业现场安全预警模型信息获取的途径，通过设置在工程爆破作业现场各个空间与时间的人员定位仪器、矿尘浓度、电压、电流、温度、安全闭路系统等监测监控设备，监测预警系统可以获得人、机、环、管等的主要指标的数据信息[81]，从而随时随地获取现场每个空间与时间点的作业情况。

2. 预警功能

工程爆破作业十分复杂，随时随地会受到各种安全因素影响，造成工程爆破系统处于不正常状态，若此时预警功能没有及时提示，事故就可能发生，故而这时候预警功能就显得尤为关键。根据监测随时掌握、获取各种安全信息，通过评价方法对预警信息进行量化计算，并且分析、判断、评价预警信息是否安全，评判预警度，从而确定危险程度，预测可能出现的事故情况，也可以总结经验。

3. 反馈功能

反馈又称回馈，是控制论的基本组成部分，是输入端通过信息录入，同时对信息进行识别和预测，进而调节和控制系统功能的过程[82]。换句话说，反馈功能充当着预警系统的桥梁角色，从而实现预警功能的闭环管理和动态循环[83]。对于工程爆破作业现场来说，反馈功能十分重要。当出现事故隐患和管理失误时，通过预警系统可及时识别并且提供相应措施，从而有效改进企业安全管理。例如，当工作岗位环境指标处于预警状态时，我们就可以通过改善工作岗位环境（如提高照明度、配备护耳器等措施），从而提高工作岗位环境合格率。通过反馈功能，管理人员可以依据监测预警模型预警结果制订针对性的安全管理措施。

2.2.2　工程爆破监测预警的流程设计

工程爆破作业现场监测预警的流程设计：首先，对工程爆破作业现场安全事故进行统计分析，识别其安全影响因素；其次，采用德尔菲（Delphi）法①构建工程爆破作业现场监测预警指标体系，同时基于 AHP 方法和 Yaahp 软件对预警指标进行权重计算；最后，构建基于模糊综合评价法工程爆破作业现场监测预警模型，实现模型实例运行。各步骤流程的具体分析如下。

---

① 德尔菲法：一种匿名专家集体多轮函询反馈的预测方法。

1. 安全事故统计分析

构建工程爆破作业现场监测预警模型，首先应该知道工程爆破安全事故类型、特点和原因，以构建工程爆破作业现场事故致因模型为基础，清楚认识工程爆破作业现场可能存在的危险因素。在分析过程中应清楚、熟悉工程爆破作业相关的所有流程、生产区域和生产设备等，从而分析工程爆破作业各个因素的复杂性，研究相关文献资料和现场调研信息，确定工程爆破安全影响因素中存在的共性和普遍性，为下一步监测预警指标体系的构建提供参考。

2. 确定监测预警指标体系

根据"人、机、环、管"四个维度初步确定监测预警指标一级指标，并根据上述得出的工程爆破作业现场安全事故统计分析影响安全的因素，进行二级指标体系初选。通过德尔菲法，由工程爆破安全专家和企业相关安全管理人员组成监测预警指标设计团队，最终将监测预警指标层层组合成一个指标的集合，从而确定监测预警指标体系。该体系可以从多方面直观反映工程爆破作业现场的安全特征，进行预警指标的筛选和权重值的设定，并基于 AHP 方法和 Yaahp 的预警进行指标权重计算。

3. 构建监测预警模型

监测预警模型是通过相应的监测设备获取相应数据，根据监测预警评价模型进行模拟计算的数学模型。通过预警模型的运行以及数据的计算可以发现某个指标的异常，及时进行报警，并迅速地、有针对性地采取相应措施，从而可以有效提升企业安全管理效率。

2.3 工程爆破监测预警的三维结构模型

为了更加直接地反映工程爆破作业现场监测预警模型创建理论、方法和路径，本节借鉴系统工程三维结构建立了工程爆破作业现场监测预警模型三维结构模型（如图 2-7 所示），分别为监测预警的理论维度、方法维度和构建维度三个维度 [84]。

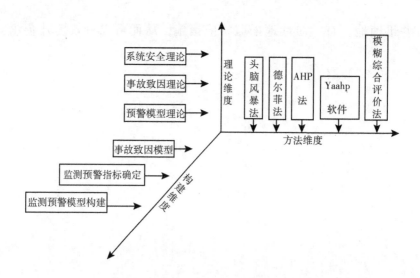

图 2-7　工程爆破作业现场监测预警三维结构模型

第 3 章

海岛工程爆破作业系统风险辨识与安全评价

3.1　项目概况

1. 建设单位概况

舟山绿色石化项目由浙江石油化工有限公司投资建设，该基地是中国重点打造的七大世界级石化基地之一。目前，浙江省正按照"民营、绿色、国际、万亿、旗舰"的定位建立国际石化产业基地。舟山国际绿色石化基地炼化一体化项目总投资 1 730 亿元，于 2017 年 9 月得到环境保护部印发的对浙江石油化工有限公司 4000 万吨 / 年炼化一体化项目环境影响报告书的批复和国家发改委核准批复，各建设任务顺利推进。该项目在 2018 年已进行一期投产运营，炼油可达 2000 万吨 / 年，生产二甲苯 400 万吨 / 年，生产乙烯 140 万吨 / 年。在全部建成后，该项目的年炼油量、二甲苯生产量和乙烯生产量将在原有基础上提高 100%。根据既定的规划布局，今后鱼山岛绿色石化基地将拥有一亿吨原油的炼化能力。

舟山绿色石化基地建设的前期任务主要是在大鱼山岛东西两侧实施开山与围填海工程，为绿色石化基地提供必需的建设用地。项目使用海域位于舟山市岱山县鱼山岛东西两侧，项目范围均为海域及无居民岛，用海总面积 1 876.023 2 平方千米，无居民海岛总面积为 0.18 平方千米，涉及黄沙礁、外鱼唇北小岛、峙岗山屿和渔山小山屿等，海岛总利用面积 10 299 平方米。2017 年 5 月 10 日，一期矿山开采爆破工程顺利完工，总开采方量为 3 300 万立方米，共计消耗炸药 10 565 吨；二期矿山开采爆破工程共由七个开山区域组成，其中开山一、二、三、四、七区 ($1^{\#}$~$7^{\#}$ 山体) 位于大鱼山岛，爆破工程量为 5 100 万立方米，一、二期总爆破工程量为 8 400 万立方米。

2. 自然条件概况

（1）地理位置

舟山绿色石化基地位于浙江省舟山市岱山县大小鱼山岛围垦区，隶属岱山县高亭镇，距城区 14 海里。

（2）交通

鱼山岛可由宁波乘车经舟山跨海大桥，到舟山海丰码头乘船前往。

（3）气候

舟山群岛气候温和湿润，白天光照充足，属于北亚热带南缘季风海洋型气候。由于受季风不稳定性的影响，夏秋之际易受热带风暴（台风）侵袭，暴雨天气频发；冬季在受到持续偏强的副热带高压和弱冷空气共同影响下，也常出现阴雨寡照天气。舟山天气具有复杂多变的特点，灾害天气时有发生，其中较为常见的包括低温阴雨、大雾、强对流、梅汛期暴雨、高温干旱、台风、雷电等。

（4）地形地貌

地处浙东沿海岛屿区的丘陵地区，最高为 122.91 m ，属山低坡缓的低丘。

（5）水文

由于项目处于海岛环境，因此舟山绿色石化基地缺乏淡水资源。地势总体中间高、四周低。大气降水可顺地形沿沟谷及边坡面自然向东西两侧海洋排泄。二期矿山开采爆破工程开采最终底标高不小于 +3.0 m，高于最高潮水位（历年最高潮水位 +2.59 m），自然排水条件通畅。

（6）开采条件

前期经过开采和剥离，矿区边界部分基岩裸露，但矿区大部分区域未开采，为原始山体，有大量的覆盖层和风化层。据相关资料统计，覆盖层铅直厚度为 0.10 ~ 3.10 m，平均铅厚为 0.89 m。风化深度与裂隙发育程度有关，无明显的分布规律；风化层铅直厚度为 0 ~ 2.70 m，平均铅厚为 1.23 m。原生石料质量达到 Ⅰ 类石料质量指标要求。岩石风化矿呈黄褐色，结构松散，

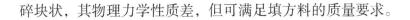

碎块状，其物理力学性质差，但可满足填方料的质量要求。

3. 区位及项目航拍图

舟山市岱山县大小鱼山岛促淤围涂工程二期成陆工程——矿山开采爆破工程（以下简称"二期矿山开采爆破工程"），工程主要是为舟山绿色石化基地陆域形成及围堤工程供应石料和建设用地。二期矿山开采爆破工程位于浙江省舟山市岱山县大小鱼山岛围垦区，距岱山高亭镇城区 14 海里（约 25.9 千米），具体位置如图 3-1 所示。

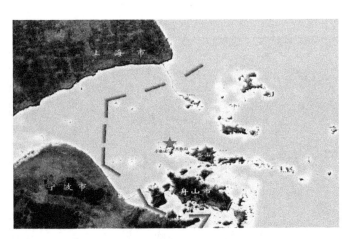

图 3-1　舟山绿色石化基地地理位置图

二期矿山开采爆破工程共有 7 个开山区，其中开山一、二、

三、四、七区（1#~7#山体）位于大鱼山岛，五、六区位于小鱼山岛。爆破总工程量约为 5 716 万立方米，计划开采量约为 4 678 万立方米。工作内容包括山体爆破开采、就地解小、归堆、装车等。二期矿山开采爆破工程分区如图 3-2 ～ 图 3-6 所示。

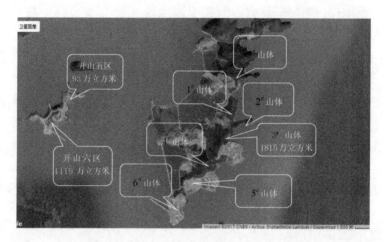

图 3-2　二期矿山开采爆破工程分区 A

图 3-3　二期矿山开采爆破工程分区 B

图 3-4　二期矿山开采爆破工程分区 C

图 3-5　二期矿山开采爆破工程分区 D

图 3-6　二期矿山开采爆破工程分区 E

二期矿山开采爆破工程开采区环境及周边环境如图 3-7~ 图 3-14 所示。

$1^#$ 山体：东侧为海域（二期成陆区域）；西、南侧为集中临建区，其中中铁建港航局临建区和爆破公司项目部的部分临建区位于开采范围内（根据施工进度实时搬迁）；西侧山脚下为干瑞公司临建区，最近为 5 m ；北侧距大桥连接线施工场地最近为 157 m。

图 3-7　1# 山体周边环境图

2# 山体：东、南及北侧三面靠海，西侧紧邻集中临建区，距上航局临建区最近为 5 m。

图 3-8　2# 山体周边环境图

3# 山体：东侧为海域（二期成陆区域），其中东侧开采区域内有原三鑫采石场临时用房和破碎系统（待迁移）；南侧与 4# 山体紧密相连；西侧40 m外为浙江石油化工有限公司（以下简称"浙石化"）规划建设的中央大道（中央大道宽36 m），中央大道西侧为打桩、土建等建设施工场地；北侧紧邻集中临建区，距上航局临建区最近为5 m，距十二局临建区最近为15 m。

图3-9　3#山体周边环境图1

图3-10　3#山体周边环境图2

4#、5# 山体：东侧为海域（二期成陆区域），其中东侧开采区域内有原恒广采石场临时用房和破碎系统（待迁移）；南侧与 6# 山体紧密相连；西侧 40 m 外为浙石化规划建设的中央大道（中央大道宽 36 m），中央大道西侧为打桩、土建等建设施工场地及石料运输车队临建区；北侧与 3# 山体紧密相连。

图 3-11　4#、5# 山体周边环境图

6# 山体：东侧、南侧为海域，东侧距鱼山岛客运交通码头最近为 40 m，西南侧紧邻浙石化在建的滚装码头，距浙石化码头栈桥和南堤最近为 150 m，西侧为浙石化施工单位集中临建区，距三航局临建区最近为 40 m，西北侧有临建区（最近为 40 m）、碎石加工系统及搅拌站（最近为 120 m），北侧距石料运输车队临建区最近为 80 m。

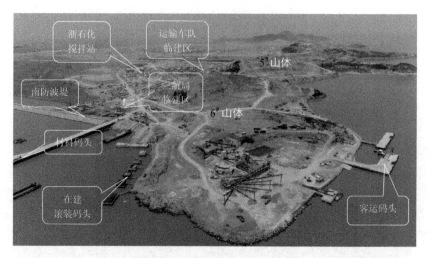

图 3-12　6#山体周边环境图

7#山体：东侧为直抛成陆的建设场地，建设场地临时布置临建区（集装箱）和碎石加工区，距上海浦高临建区最近为 40 m，距大桥接线施工临建区最近为 90 m，距碎石加工区最近为 100 m；东南侧距大桥接线施工场地最近为 130 m；南侧 50 m 外为规划新建的石化大道；西侧紧邻浙石化施工单位密集区、中国地质临建区紧邻开山区；西南侧距在建变电站施工场地为 50 m；北侧为保留山体（设置最终边坡）。

图 3-13　7# 山体周边环境图

小鱼山岛开山五区、六区：开山五区东北侧距中铁建施工的 15# 地块最近为 70 m（正插板施工），西侧临海，南侧与开山六区相连；开山六区山体南侧、西侧靠海域，东南侧紧邻施工队临建区（集装箱），距南堤最近为 80 m，北侧与一期开山五区相连，东侧为上航局施工的 7# 地块（目前正堆载施工）。

（a）开山五区

（b）开山六区

图 3-14　小鱼山岛开山五区、六区周边环境图

3.2　海岛工程爆破安全分析

3.2.1　海岛工程爆破复杂性分析

海岛工程爆破受到环境和资源条件的限制，在作业过程中由于人、物和环境之间相互的集中作用，物质和能量交换频繁，导致海岛工程爆破具有很大的复杂性[85-88]，具体特点如下。

1. 环境的复杂性

由于海岛环境特殊，具有空气潮湿、常年大风、春冬季多雾、夏秋季多台风等气候特征以及特殊的地质特点，经常出现台风、暴雨、大雾、阴雨持续时间长以及山体滑坡、海岸侵蚀、海水入侵等自然灾害。较高的湿度对爆破炸药的储存十分不利，较多的降雨量和较大的风力给爆破网络敷设增加了困难，大大加长了工程爆破的周期。另外，由于海岛地质松软、地质结构不稳定，也会给工程爆破带来安全隐患。

2.作业的复杂性

工程爆破整个生产系统包括：运输、钻孔、网络设计和敷设、供排水、供电等子系统。生产过程呈现出同一系统之间和不同系统之间的高度复杂交错；各种内部变量的相互作用，事故致因复杂，事故类型多样；事故与事故、致因因素与致因因素、系统与外部系统之间关系呈现高度的模糊性和变化的随机性。根据系统理论，系统分支的数目决定了系统的规模。在爆破工程中，各个系统之间关系错综复杂，彼此联系紧密，必然导致事故致因因素呈现高度复杂性。操作人员在这种复杂系统中工作，很容易导致伤亡事故的发生。

3.人员管理的复杂性

对于杀伤力巨大的爆破作业，应做好爆破现场管理和监控。

由于爆破工程现场车辆来往频繁，且爆破区域附近有时会存在居民区和其他单位，于是存在车辆和无关人员进入爆破警戒范围的情况，从而发生安全事故，因此这是人员管理复杂的情况之一。由于存在爆破作业工作环境复杂，爆破器材保管需要人员长时间的加班，并且某些企业为了减少成本而降低安全防护等诸多原因，这些都对爆破作业人员的心理和生理产生一定影响，不少人不能适应现代信息化管理的需求。

4. 事故应急救援和处理的复杂性

海岛工程爆破还有一个极大的隐患就是事故应急救援难度大。由于海岛工程爆破在独立的海岛上，一般岛内没有充足的救援力量且与外部连接的交通力量不够，如果有事故发生，外部事故救援力量和医疗机构很难在第一时间到达进行施救，很容易引起更大的事故，造成更大的损失。

3.2.2　海岛工程爆破有害效应分析

爆破作业是整个海岛石化项目工程爆破中最为重要的环节。深孔台阶爆破和浅孔爆破是工程爆破的常用方法，在爆破之后会产生巨大的震动、冲击波，还能产生飞石、噪声以及烟尘，甚至有毒气体等许多爆破有害效应[89-95]，因此在爆破前需要分析海岛石化项目工程爆破中的有害效应，建立有效的有害效应控制机制，预防或者减少爆破造成的有害影响。

1. 爆破震动

爆破震动是指在爆破过程中引起的震动。爆破产生的地震波会对爆破振源周围的物体或建筑物产生严重影响，对爆破振源造成震动。如果地震波强度达到一定水平，爆破区周围建筑物将受到严重的损坏，对人的生命安全将产生影响。

爆破震动与地震相似，是在短时间内迅速释放能量，以弹性波的形式向外传播，引起介质的震动。爆破震动具有振幅大、衰减快、震动频率高、持续时间短、振源能量小、可控制等特点。爆破前必须计算爆破震动的危险半径，以避免对周围建筑物和山体产生有害影响。如果危险半径内有建筑物，则需拆除建筑物；如果建筑物不允许拆除或会造成生态破坏，必须控制爆破药量，并控制爆破规模。

2. 爆破冲击波

山体爆破会产生冲击波，冲击波从爆破的中心传播开来。爆破冲击波产生的过程是：炸药在岩石中爆炸产生爆炸物，产生的爆炸物具有较高的压力和较高的温度，这种爆炸物会在极短的时间内从岩石的裂缝中冲入周围空气。爆炸物在与空气摩擦的过程中使其压力、密度和温度突然升高，形成能量巨大的冲击波。产生的冲击波具有极高的流速和压力，会对爆破点周围或附近的建筑物造成极大的破坏，更严重的甚至还会造成爆破人员、周围居民和动物的死伤。

3. 爆破飞石

爆破飞石已成为工程爆破中造成事故最多的潜在事故因素之一。据统计，我国因爆破飞石引起的人员伤亡、厂房房屋破坏及机械设备损坏等爆破事故已上升到占全国总爆破事故的1/5。爆破飞石主要是因为设计不当而导致飞石超过安全距离造成对人员的伤害。

4. 噪声

噪声主要包括爆破作业大型机械设备在运行中产生的噪声和爆破噪声。一旦噪声过大，会对作业现场的工人乃至周围居民的身心健康造成较大的危害。

5. 烟尘和炮烟

爆破作业中爆破烟尘主要产生于钻孔和放炮，在短时间内会大量存在于空气中，一旦处理或防护不及时会对现场作业人员造成伤害，也会对周边企业员工的身心健康产生负面作用，而且还会污染大气环境。

3.2.3　海岛工程爆破安全影响因素筛选

对海岛工程爆破事故产生的原因进行分析，不仅要从人、物和环境等直接原因来展开调查，还要从技术和管理这两个渗透性原因来调查。管理因素贯穿整个工程爆破作业，管理的缺失不仅使设备长期处在缺少维修、缺少防护的不安全状态，也造成人员的不安全行为，还会使监控对象监控失误，最终可能导致事故发生。随着工程爆破技术的进步、爆破设备的现代化和机械化，爆破安全技术也是影响工程爆破安全的决定性因素。采用先进的设备和新技术，既可以提高爆破效率，也可以降低安全隐患的发生。因此，工程爆破安全影响因素包括人、物、环境、管理和技术。工程爆破安全发生机理分析如图 3-15 所示。

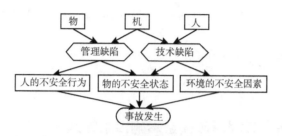

图3-15　工程爆破安全发生机理

下文以《安全评价通则》《爆破安全规程》等安全规程以及爆破技术资料《爆破手册》等资料作为基础，结合海岛石化项目工程爆破的生产实际，构建了工程爆破作业安全影响因素体系，其中包括5个一级安全影响因素以及分别包含的48个二级安全影响因素，完整地解释了这些安全影响因素及其相互之间的关系。

1. 工程爆破作业安全影响因素

海岛石化项目工程爆破系统安全影响因素阐释如下。

（1）人员安全影响因素

主要是指心理因素、生理因素、年龄因素、团队协作能力、教育因素、技能等级、岗位相关工作经验、岗位能力适合度等

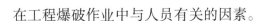

在工程爆破作业中与人员有关的因素。

（2）管理安全影响因素

包括国家与地方的安全管理法律法规、国家与地方的行业安全监管、企业安全管理部门、安全投入、安全激励、安全考核、安全教育、安全检查、安全技术管理、设备运行维护管理、人员安全管理等因素。

（3）设备安全影响因素

包括设备的先进性、设备的可靠性、设备更新、设备维修、设备防护、设备运行情况等。

（4）环境影响因素

包括在工程爆破作业的内外部环境的因素，以及外部医疗状况、救援技术与能力、人力资源成本、交通状况等社会因素。

其中外部环境主要是指在爆破现场周围的外部环境条件以及企业内部的作业环境。由于海岛地质条件、环境条件极其复杂，湿度、温度、降雨量、地质、风力等环境安全影响因素较多，在某些情况下容易发生安全事故。

（5）生产安全技术影响因素

包括供电技术、供排水技术、通信技术、钻孔技术、填塞技术、网络敷设技术、防火技术、降尘技术、救援技术与设计等12个与工程爆破安全关系密切的安全技术。

海岛石化项目工程爆破一级安全影响因素相互关联模型：

通过对海岛石化项目工程爆破一级安全因素的分析，各影响因素之间的相互关系如图3-16所示。

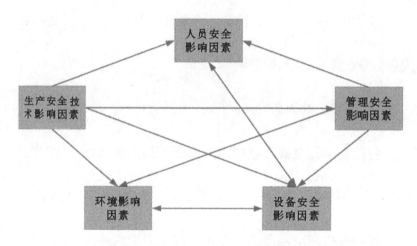

图3-16　海岛石化项目工程爆破安全影响因素关联关系

2. 海岛石化项目工程爆破人员安全影响因素

根据调查发现，80% 的工业事故是由于工作人员违反操作规程或操作失误造成的[96]，从中可以看出人的不安全行为是导致事故发生的主要原因。因此，对人员安全影响因素进行深入分析，有利于更透彻地了解和掌握工程爆破事故发生的起因和控制方法。人员安全影响因素包括以下几个方面。

（1）技能等级

对于工程爆破技术人员的技能等级评定，国家有一套完善的评定标准，只有让这些人员通过相应的技能等级评定考核才能体现他们技术业务的水平和实践能力。

（2）岗位相关工作经验

岗位相关工作经验并不以在其他行业或岗位的工作时间来作为衡量的标准。由于工程爆破具有极高的专业性，只有长时间地在一个岗位工作才能充分了解、掌握该岗位的实际情况，才能具备足够的专业知识和熟练程度，所以岗位相关工作经验应该是本岗位的相关工作经历。

（3）团队协作能力

由于一次爆破作业并不是由一个员工单独完成的，很多工作需要协调不同岗位人员进行分工与配合，因此为了确保项目顺利推进，要求所有员工都应具备高度的协调、配合能力。

（4）岗位能力适合度

岗位能力适合度是指员工的岗位专业技能、身体综合能力是否和岗位的要求相吻合，做到"人适其岗"的原则。人员和岗位匹配度越高，生产效率会越高，出现安全事故的情况就越少。

（5）年龄因素

年龄因素是人员安全影响因素中最特殊的一个，因为不同阶段的年龄会对人的心理和生理产生不同的影响。据统计，22～30岁和45～51岁两个年龄段的事故发生率最高，并分别在26岁和48岁达到最高峰。这是由于年轻人的心理还没有成熟，做事比较冲动并且技能掌握的熟练度较低，所以发生事故的概率就比较高；而随着年龄的增大，人的记忆力和学习能力降低，对新事物的新鲜感和学习能力不够，并且自身的体力也逐渐下降，导致产生侥幸心理，希望凭着自己的经验做事，减少自己的工作量和体力消耗，所以中年人发生的事故概率也很高。年龄因素对心理因素和生理因素也会产生影响。

（6）生理因素

生理因素主要包括员工自身的机能，如适应环境的能力、自身身体强度、健康状态、身体协调能力、交流沟通能力、记忆力以及面对突发事件的应急能力等。

（7）心理因素

心理因素主要包括在安全作业中产生的各种不良的心理，以及克服不良心理和情绪的能力。不良心理包括侥幸心理，认为偶尔的违章操作不一定会造成事故；冒险心理，总是争强好胜，易冲动，不按安全规程作业；贪便宜心理，认为安全规程、安全措施没有必要，操作走捷径，不按安全规程进行；自私心理，对公司财产有所企图等造成不安全行为的心理。

（8）教育因素

教育因素主要分为员工自身教育水平和企业教育情况。员工自身教育水平主要包括学历水平。有着较高的学历表明员工对于新的技术和设备有着较强的学习能力，且能在短时间内掌握。高学历、高素质的员工是企业安全生产不可缺少的关键因素。企业教育也是安全生产的重要环节，只有企业做好安全教育，员工才能了解并掌握新技术，避免安全事故发生。

本书分析认为，人员安全影响因素包括上述8个二级影响因素，其相互影响关系如图3-17所示。

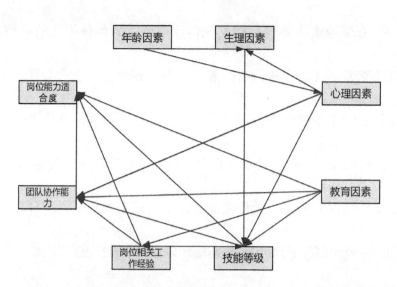

图3-17　海岛石化项目工程爆破人员安全影响因素关联关系

3. 管理安全影响因素

安全管理是工程爆破作业环节中时刻存在的影响因素，是工程爆破作业中牵涉面很广的一级影响因素。通过各种法律法规、安全管理规范和技术标准等文件来确保整个生产过程都能有确定的安全运行标准，并通过管理人员的安全监督和安全激励等措施监督作业的安全进行。

（1）企业安全管理部门

企业安全管理部门是爆破企业中专门负责安全监察的管理机构，这些机构能否在其职责区域内做好安全的检查和管理，对企业的生产是否安全有着极大的影响。

（2）行业安全监管

主要是指国家与地方有关部门的安全监督、事故调查以及安全管理。

（3）安全管理法律法规

由国家和地方各级政府制定的安全法律是爆破企业的规范

性文件，是企业安全管理的基础，在爆破企业安全管理中起到根本性和决定性的作用。

（4）安全激励

主要是对认真完成工作任务的员工给予的物质和精神上的奖励，这种奖励有助于激发员工的工作积极性，提高其工作效率。良好的安全激励可以促进企业健康、和谐、安全地发展。

（5）安全投入

主要包括企业在安全技术中的资金投入情况。资金投入越多，企业中的安全技术就越先进，企业的安全状态就越佳。

（6）安全考核

主要对员工的安全状况按标准进行评判并将评判结果量化。经过一定量的考核可以判断员工的安全状况，有利于改进企业的安全状态。

（7）安全检查

企业管理人员对整个项目进行全面的安全检查，包括人员的基本情况、设备的运行和检修情况、安全防护装备配备情况、事故发生情况等。

（8）安全教育

包括企业所有员工的三级安全教育、岗前教育和转岗教育等各种关于企业操作安全的教育，内容丰富，有利于提升人员安全素质和安全技能等级。

（9）安全技术管理

包括企业对各种安全资料的管理，比如员工信息文档、安全教育文档和安全检查文档等资料，还包括企业对于设备、环境、操作方法等有关的设计图纸和设计数据的管理。

（10）设备运行维护管理

主要包括型号选择、设备质量、设备检修、设备运行情况、安全防护情况、设备更换情况等的管理。

（11）人员安全管理

主要包括记录现场工作人员的安全信息，例如精神面貌、上岗率、技术人员是否到位、安全监察是否进行、特种作业人员是否持证上岗等信息，还包括员工安全教育情况、身体健康情况、是否佩戴安全装置等的监督。

本书分析认为，管理安全影响因素包括上述 11 个二级影响因素，其相互影响关系如图 3-18 所示。

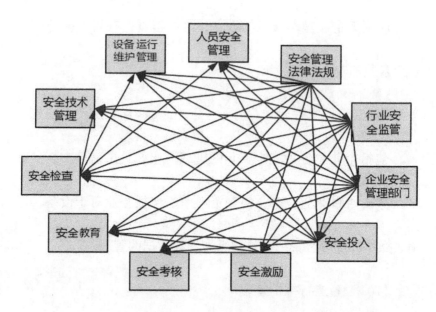

图 3-18 海岛石化项目工程爆破管理安全影响因素关联关系

4. 设备安全影响因素

工程爆破系统从钻孔到爆破的整个过程中，设备安全影响因素最具科技含量，具有最强的可控性。一个爆破企业的安全生产水平的高低关键取决于企业的设备技术是否先进。

（1）设备的先进性

使用技术更加先进的爆破设备对爆破工程的爆破效率、爆破成果有着极大的帮助。同时，爆破工程的安全也离不开先进的设备，尤其是自动化设备是保障项目安全进行的关键因素。先进设备的应用也将保证工程安全地运行，减少事故发生的概率。

（2）设备的可靠性

由于工程爆破会产生爆破震动和冲击波，将大大减少设备的工作寿命，导致设备提前报废，因此所选设备的可靠性有着举足轻重的地位。一般地，在选择设备时，首先要考虑设备是否具有防爆、防水和防振等性能，而且其功率和适应度是不是符合爆破作业环境；其次，设备所带有的噪声、漏电保护装置是否符合设备使用的环境要求等一系列的可靠性因素。

（3）设备更新

爆破作业时由于爆破场地条件恶劣，虽然企业经常对设备进行维护和修理，但是也会由于产生的爆破有害效应，导致作业能力故障，经常出现设备提前报废的情况，因此一旦发现故障发生较多或者是很难完全修理的设备应立即更新，以保证生产效率和生产安全。

（4）设备维修

由于海岛复杂的自然环境因素以及爆破有害效应，如较高的湿度、爆破冲击波等因素都会导致设备的破坏和失效，一旦关键装置（如钻孔设备、电器设备等）损毁或者是出现故障没有及时地修理，就会对工程爆破的安全运行产生较大的影响，因此设备的维修是保证设备安全的一个非常关键的因素。

（5）设备防护

主要是指对机械设备的安全防护，如采掘设备、钻孔设备、防尘装置、电气设备绝缘保护等安全防护。

（6）设备运行情况

设备运行情况是主要影响因素之一，特别是安全防护设备、监控设备等影响作业安全的关键设备，如果想要系统持续稳定地运行，这些设备一定不能出现故障，一旦出现停机等故障，系统则会面临极大的风险。

本书分析认为，设备安全影响因素涵盖了上述 6 个二级影响因素，其关联关系如图 3-19 所示。

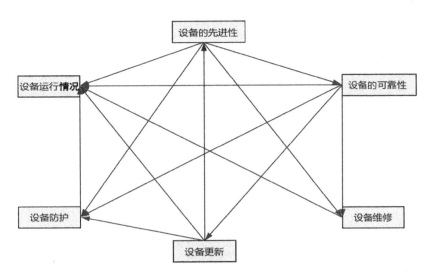

图 3-19　海岛石化项目工程爆破设备安全影响因素关联关系

5. 环境安全影响因素

工程爆破是一个巨大且复杂的系统，这不仅包括内部系统的极大的复杂性，还包括工程爆破系统本身对环境产生巨大影响的因素。环境安全影响因素包括外部和内部环境影响因素。外部环境影响因素主要是气候和地质地貌以及社会因素；内部环境影响因素主要是人为导致的，如电力、道路、山坡、房屋等，是系统不安全状态的各种环境影响因素。

（1）社会因素

主要包括外部医疗状况、救援技术、人力资源、道路建造情况和与外界相连的交通情况等与爆破安全生产相关度较高的因素，以及工程内矿石堆场与选场的道路的路况和满足物料运输的情况。

（2）气象因素

包括一切不利于爆破安全进行的与天气相关的影响因素，如年平均气温、一年中的最低平均气温和最高平均气温、日最大降雨量、雷雨天数、霜冻和凝冻情况、风力情况、年均降雨量等。

（3）工程地质因素

主要是指工程所在地的地质情况，爆破工程中需要的爆破技术、爆破方式以及爆破的难易程度，主要由工程地质情况，如山体石块大小、硬度等因素所确定。

（4）工程水文因素

主要包括工程所在地河流等地表水分布情况以及洪水、海啸等自然灾害情况。

（5）供水情况

主要考虑工程爆破附近的淡水资源和生产用水资源。淡水资源包括地下水和地表水的丰富度。若项目所在地淡水资源极其匮乏，需要考虑外部供水的条件，生产用水资源可以考虑使用周边海水资源。

（6）供电条件

爆破工程所在地的电网分布情况以及供电的难易程度。

（7）爆区地质因素

主要是指爆区内的地质情况，工程爆破使用的爆破方式、爆破参数设计、炸药量等主要取决于爆区内的地质情况。复杂的爆区地质条件通常易造成山体滑坡等安全事故，因此爆区地质因素是评价工程爆破难度的关键因素。

（8）爆区水文因素

主要是指爆破范围内可能影响的河流和地下暗河的情况，若爆炸产生的震动导致涌水或发生透水等事故，则增加了安全隐患。

（9）温度因素

主要是指冬季低温和夏季高温对设备的负面影响状况。夏季时，由于露天爆破工作人员长时间暴露在高温中，会影响工作人员的心理和生理健康，所以温度是重要的工程爆破环境安全影响因素。

（10）湿度因素

对于海岛的特殊情况，空气中的水含量较大，导致设备更容易被腐蚀以及电气设备的短路，严重影响机器的使用寿命。由于湿度较高，炸药也容易受潮失效，增加了安全隐患，因此空气湿度也是重要的环境安全影响因素。

（11）噪声因素

噪声主要包括爆破作业大型机械设备在运行中产生的噪声

和爆破噪声。一旦噪声过大,会对作业现场的工人乃至周围居民的身心健康产生较大的危害。

(12)烟尘因素

爆破作业中爆破烟尘主要产生于钻孔和放炮,且在短时间内大量存在,一旦处理或防护不及时会对现场作业人员造成伤害,也会对周边企业员工的身心健康产生负面影响,而且还会污染大气环境。

本书分析认为,环境安全影响因素包括上述 12 个二级影响因素,其相互关联关系如图 3-20 所示。

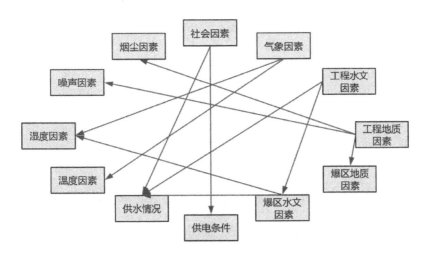

图 3-20 海岛石化项目工程爆破环境安全影响因素关联关系

6. 安全生产技术安全影响因素

在工程爆破的爆破作业过程中，生产技术水平和安全技术水平的高低直接或间接地关系到各类安全事故发生的频率。对于爆破作业，生产工艺核心要素是运输方式的选择、爆破方式的选择及爆破方案的设计等生产系统的技术和工艺。安全技术是主要用于保证人员和设备的安全以及防尘、防爆和监控安全的技术。对于爆破企业来说，安全生产技术不仅体现了工程爆破的技术水平，也可以减少安全事故的发生，提高系统的安全性，更重要的是，企业可以依托先进的技术提高设备的整体机械化水平，从而提高爆破效率。对安全生产技术安全影响因素分析如下：

（1）供排水技术和设计

供排水技术和设计主要是指用于地面防洪、防雨的水泵的设计、工艺，工程作业用水以及生活用水的管路设计。

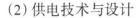

（2）供电技术与设计

供电技术与设计主要是指电气设备的选择，其质量是否过关；供电系统的继电保护；供电网络的设计和构造。

（3）通信技术

通信技术主要是指整个工程爆破的人员之间的通信、监控及报警控制系统的连接以及设备线路的设计与通信方法。

（4）钻孔技术

钻孔作业一般是露天爆破施工中的第一道工序。孔洞的孔径、角度和深度直接影响着后续爆炸的效果，因此钻孔技术是工程爆破的基本技术之一。

（5）填塞技术

炮孔填塞是工程爆破中非常关键的环节之一。保证合理的填塞长度和良好的填塞质量能够提高爆破质量，预防飞石飞散，减少飞石数量，降低噪声等。

（6）网络敷设技术

在工程爆破作业中，起爆网络的敷设与连接是一道关键又繁杂的工序，一旦因为错解或连接不良导致网络不能导通，可能产生拒爆，严重的还可能造成工程失败甚至人员伤亡，所以网络敷设技术是工程爆破的核心之一。

（7）安全监测技术

安全监测技术主要是现场传感仪器对工程爆破过程中温度、湿度、烟尘浓度和噪声等的监测技术以及现场、仓库视频监控设备的选择和设计技术。

（8）安全防护技术

主要是员工的安全防护技能的掌握程度和设备的安全保护和维修。

（9）安全评价技术

运用系统安全和安全分析方法对工程爆破中的危险源进行识别与评价是了解工程爆破安全状况的重要环节。安全分析方法包括安全检查表、事故树和预先分析等。选择最合适、最高效的安全分析方法才能有效地实现工程爆破的安全管理的目标。

（10）防火技术

工程爆破防火技术主要包括爆破器材储存库、油罐存储区等危险性较大的火灾危险点的防火技术设计和运用。

（11）降尘技术

在进行爆破钻孔作业时，采用配备集尘装置的高风压钻机或湿式钻孔作业，控制钻孔粉尘。爆破后，石料挖装过程中产生的烟尘可采用定时向爆堆喷水的方式控制。对于车辆运输石料过程中在采区运输道路上产生的道路扬尘，采用洒水车洒水的方式降尘。

（12）救援技术与设计

事故救援技术主要指工程内已有的安全应急设备的布置技术和安全事故应急预案的制定，以及外部救援力量，如消防队、救生船和消防船等。

本书分析认为，安全生产技术安全影响因素包括上述12个二级影响因素，其关联关系如图3-21所示。

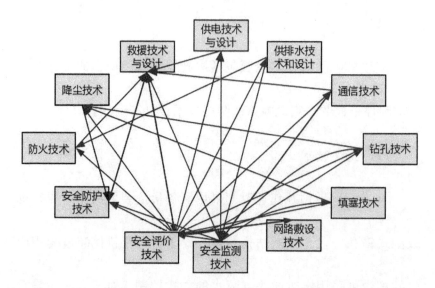

图 3-21　海岛石化项目工程爆破安全生产技术安全影响因素关联关系

3.3　海岛工程爆破安全影响因素 ISM 模型构建

3.3.1　ISM 模型简介

解释结构模型（ISM 模型）是美国 Bottelle 研究所开发的一种用于分析学术研究中复杂因素之间相互关系的主要研究方法，是系统工程中广泛应用的一种分析方法，主要作用是将系统中原本杂乱无章的各个因素通过相关方式分析出系统的内部层次结构[97-99]。首先根据列举的要素建立邻接矩阵，通过邻接矩阵可求出要素之间的可达矩阵，再运用计算机技术，对提取出的构成要素间的相关关系进行运算处理，从而反映要素的层次。通过这些关系的构建可以清晰地描述所研究问题的层次和结构，提高对系统元素之间关联的理解。

3.3.2 要素集建立

经过分析和总结得到系统运行的影响因素，建立因素集合 $R=\{S_1，S_2，L，S_N\}$。在本书中分析的海岛石化项目工程爆破安全影响因素共48个，建立因素集如表3-1所示。

表3-1 海岛石化项目工程爆破安全影响因素

序号	影响因素	序号	影响因素	序号	影响因素
S_1	年龄因素	S_{17}	安全技术管理	S_{33}	温度因素
S_2	生理因素	S_{18}	设备运行维护管理	S_{34}	湿度因素
S_3	心理因素	S_{19}	人员安全管理	S_{35}	噪声因素
S_4	教育因素	S_{20}	设备的先进性	S_{36}	烟尘因素
S_5	技术等级	S_{21}	设备的可靠性	S_{37}	供电技术与设计
S_6	岗位相关工作经验	S_{22}	设备更新	S_{38}	供排水技术和设计
S_7	团队协作能力	S_{23}	设备防护	S_{39}	通信技术
S_8	岗位能力适合度	S_{24}	设备运行情况	S_{40}	钻孔技术
S_9	安全管理法律法规	S_{25}	社会因素	S_{41}	填塞技术
S_{10}	行业安全监管	S_{26}	气象因素	S_{42}	网络敷设技术
S_{11}	企业安全管理部门	S_{27}	工程水文因素	S_{43}	安全监测技术
S_{12}	安全投入	S_{28}	工程地质因素	S_{44}	安全评价技术
S_{13}	安全激励	S_{29}	爆区地质因素	S_{45}	安全防护技术
S_{14}	安全考核	S_{30}	爆区水文因素	S_{46}	防火技术
S_{15}	安全教育	S_{31}	供电条件	S_{47}	降尘技术
S_{16}	安全检查	S_{32}	供水情况	S_{48}	救援技术与设计

3.3.3　建立邻接矩阵并计算可达矩阵

邻接矩阵 A 是表示系统中影响因素之间彼此具有相互关系的矩阵[100]。判断两两影响因素之间的彼此关系，首先建立邻接矩阵，根据下述公式可以得到邻接矩阵 A。

$$R_{ij} = \left\{ \begin{array}{l} 1. \text{表示 } i \text{ 对 } j \text{ 有影响，从 } i \text{ 到 } j \text{ 有连接} \\ 0. \text{表示 } i \text{ 对 } j \text{ 无影响，从 } i \text{ 到 } j \text{ 无连接} \end{array} \right\} \tag{3-1}$$

接着通过函数运算求得可达矩阵：

先求矩阵 A 与单位矩阵 R 的和 $A+R$，再对 $A+R$ 进行 n 次幂运算，直到满足条件，满足以上条件的矩阵 M 即为矩阵 A 的可达矩阵（本书使用 MATLAB 软件进行模型的计算）。可达矩阵 M 是表示系统中各个影响因素之间可以相互到达的方阵[101]，可以确定各系统影响因素之间的层次关系，并通过 MATLAB 软件生成可达矩阵。具体的邻接矩阵 A 和可达矩阵 M 如下：

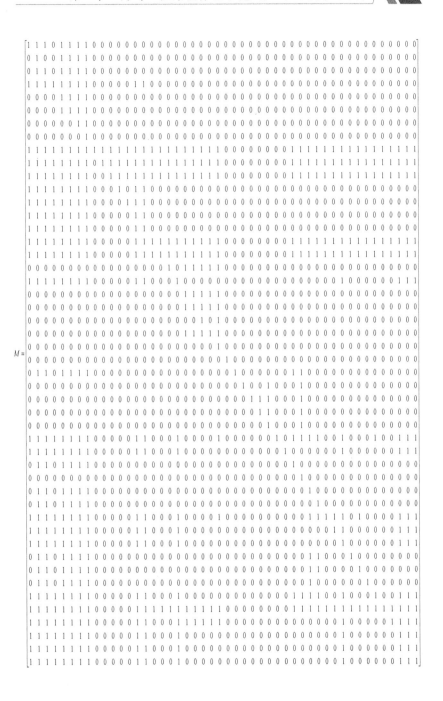

3.3.4　划分层次等级

1. 确定最高层因素

（1）可达集 $R(S_i)$：可达矩阵 M 中从因素 S_i 出发可以到的全部因素的集合。可表示为：

$$R(S_i) = \left\{ S_i \middle| m_{ij} = 1 \right\} \tag{3-2}$$

（2）先行集 $N(S_i)$：可达矩阵 M 可以到因素 S_i 的全部因素的集合。可表示为：

$$N(S_j) = \left\{ S_j \middle| m_{ij} = 1 \right\} \tag{3-3}$$

接着求 $R(S_i)$、$N(S_j)$ 的交集 $R(S_i) \cap N(S_j)$。在 $R(S_i) \cap N(S_j) = R(S_i)$ 的情况下，说明其他因素可以达到这个因素，但这个因素不能达到其他影响因素，我们称这个因素是最高层次的因素。

根据计算得出的可达矩阵我们可以列出可达集和先行集，并求得它们的交集，结果如表 3-2 所示。

根据表 3-2 数据可得到最高层因素集合 $L_1 = \{S_8, S_{24}, S_{25}, S_{34}\}$。

表 3-2　因素划分数据

S_i	$R(S_i)$	$N(S_i)$	$\cap$
S_1	1,2,3,5,6,7,8	1,4,9,10,11,12,13,14,15,16,17,19,31,32,37,38,39,43,44,45,46,47,48	1
S_2	2,5,6,7,8	1,2,3,4,9,10,11,12,13,14,15,16,17,19,26,31,32,33,35,36,37,38,39,40,41,42,43,44,45,46,47,48	2
S_3	2,3,5,6,7,8	1,3,4,9,10,11,12,13,14,15,16,17,19,26,31,32,33,35,36,37,38,39,40,41,42,43,44,45,46,47,48	3
S_4	1,2,3,4,5,6,7,8,,14,15	4,9,10,,11,12,13,14,15,16,17,19,31,32,37,38,39,43,44,45,46,47,48	4,14,15
S_5	5,6,7,8	1,2,3,4,5,6,9,10,11,12,13,14,15,16,17,19,26,,31,32,33,35,36,37,38,39,40,41,42,43,44,45,46,47,48	5,6
S_6	5,6,7,8	1,2,3,4,5,6,9,10,11,12,13,14,15,16,17,19,26,31,32,33,35,36,37,38,39,40,41,42,43,44,45,46,47,48	5,6
S_7	7,8	1,2,3,4,5,6,7,9,10,11,12,13,14,15,16,17,19,26,31,32,33,35,36,37,38,39,40,41,42,43,44,45,46,47,48	7
S_8	8	1,2,3,4,5,6,7,8,9,10,11,12,13,14,15,16,17,19,26,27,28,31,32,33,35,36,37,38,39,40,41,42,43,44,45,46,47,48	8

S_i	$R(S_i)$	$N(S_i)$	∩
S_9	1,2,3,4,5,6,7,8,9,10,11,12, 13,14,15,16,17,19,20,21,22, 23,24,33,34,35,36,37,38,39, 40,41,42,43,44,45,46,47,48	9	9
S_{10}	1,2,3,4,5,6,7,8,10,11,12,13,14 ,15,16,17,19,20,21,22,23, 24,25,33，34,35,36,37,38,39 ,40,41,42,43,44,45,46,47,48	9，10	10
S_{11}	1,2,3,4,5,6,7,8,11,12,13,14, 15,16,17,19,20,21,22,23,24, 25,33，34,35,36,37,38,39, 40,41,42,43,44,45,46,47,48	9,10,11,	11
S_{12}	1,2,3,4,5,6,7,8,12,14,15	9,10,11,12	12
S_{13}	1,2,3,4,5,6,7,8,13,14,15	9,10,11,13	13
S_{14}	1,2,3,4,5,6,7,8,14,15	9,10,11,12,13,14,15,16,17,19, 31,32,37,38,39,43,44,45,46,47,48	14,15
S_{15}	1,2,3,4,5,6,7,8,14,15	9,10,11,12,13,14,15,16,17,19,31, 32,37,38,39,43,44,45,46,47,48	14,15

续　表

S_i	$R(S_i)$	$N(S_i)$	∩
S_{16}	1,2,3,4,5,6,7,8,,14,15,16,17 18,19,20,21,22,23,24,33,34, 35,36,37,38,39,40,41,42,43, 44,45,46,47,48	9,10,11,16,17,31,32,37,38,39,44	16,17,37, 38,39,44,
S_{17}	1,2,3,4,5,6,7,8,,14,15,16,17, 18,19,20,21,22,23,24,33,34, 35,36,37,38,39,40,41,42,43, 44,45,46,47,48	9,10,11,16,17,31,32,37,38,39,44	16,17,37, 38,39,44,
S_{18}	18,20,21,22,23,24	9,10,11,16,17,18,44	18
S_{19}	1,2,3,4,5,6,7,8,14,15,19,39, 46,47,48	9,10,11,16,17,19,31,32,37,38,39, 43,44,45,46,47,48	19,39,46, 47,48
S_{20}	20,21,22,23,24	9,10,11,16,17,18,20,21,23,44,45	20,21,23
S_{21}	20,21,22,23,24	9,10,11,16,17,18,20,21,23,44,45	20,21,23
S_{22}	22,24	9,10,11,16,17,18,20,21, 22,23,44,45	22
S_{23}	20,21,22,23,24	9,10,11,16,17,18,19,20,21,23, 44,45	20,21,23

续　表

S_i	$R(S_i)$	$N(S_i)$	∩
S_{24}	24	9,10,11,16,17,18,19,20,21,22, 23,2431,44,45	24
S_{25}	25	25	25
S_{26}	2,3,5,6,7,8,26,33,34	26,33,34	26,33,34
S_{27}	27,30,34	27	27
S_{28}	28,29,30,34	28	28
S_{29}	29,30,34	28,29	29
S_{30}	30，34	27,28,29,30	30
S_{31}	1,2,3,4,5,6,7,8,14,15,19,24, 31,33,34,35,36,39,43,46,47,48	31	31
S_{32}	1,2,3,4,5,6,7,8,14,15,19,32, 39,46,47,48	32	32

S_i	$R(S_i)$	$N(S_i)$	∩
S_{33}	2,3,5,6,7,8,33	9,10,11,16,17,26,31,33,43,44	33
S_{34}	34	9,10,11,16,17,26,27,28,29,30, 31,34,43,44	34
S_{35}	2,3,5,6,7,8,35	9,10,11,16,17,31,35,37,40,41, 42,43,44	35
S_{36}	2,3,5,6,7,8,36	9,10,11,16,17,31,36,37,40,41, 43,44	36
S_{37}	1,2,3,4,5,6,7,8,14,15,19,24, 35,36,37,38,39,41,46,47,48	9,10,11,16,17,37,44	37
S_{38}	1,2,3,4,5,6,7,8,14,15,19,38, 39,46,47,48	9,10,11,16,17,37,38,44	38
S_{39}	1,2,3,4,5,6,7,8,14,15,19,39, 46,47,48	9,10,11,,16,17,19,31,32,37,38, 39,43,44,45,46,47,48	19,39,46, 47,48
S_{40}	2,3,5,6,7,8,35,36,40	9,10,11,16,17,40,44	40

续　表

S_i	$R(S_i)$	$N(S_i)$	$\cap$
S_{41}	2,3,5,6,7,8,35,36,41	9,10,11,16,17,37,41,44	41
S_{42}	2,3,5,6,7,8,35,42	9,10,11,16,17,42,44	42
S_{43}	1,2,3,4,5,6,7,8,14,15,19,33, 34,35,36,39,43,46,47,48	9,10,11,16,17,31,43,44	43
S_{44}	1,2,3,4,5,6,7,8,14,15,16,17, 18,19,20,21,22,23,24,33,34,3 5,36,37,38,39,40,41,42,43,44, 45,46,47,48	9,10,11,16,17,44	16,17,44
S_{45}	1,2,3,4,5,6,7,8,14,15,19,20, 21,22,23,24,39,45,46,47,48	9,10,11,16,17,44,45	45
S_{46}	1,2,3,4,5,6,7,8,14,15,19,39, 46,47,48	9,10,11,16,17,19,31,32,37,38,39, 43,44,45,46,47,48	19,39,46, 47,48
S_{47}	1,2,3,4,5,6,7,8,14,15,19,39, 46,47,48	9,10,11,16,17,19,31,32,37,38,39, 43,44,45,46,47,48	19,39,46, 47,48
S_{48}	1,2,3,4,5,6,7,8,14,15,19,39, 46,47,48	9,10,11,16,17,19,31,32,37,38,39, 43,44,45,46,47,48	19,39,46, 47,48

2. 确定其余因素集合

在得出最高层因素集 L_1 时，我们由 L_1 中包含的要素所在的行和列在可达矩阵 M 中可以得到新的可达矩阵，从而得出二级影响因素集合 $L_2 = \{S_7, S_{22}, S_{30}\}$，并根据以上方法可以得到其他因素集合：

$L_3 = \{S_5, S_6, S_{20}, S_{21}, S_{23}, S_{27}, S_{29}\}$；

$L_4 = \{S_1, S_2, S_3, S_{26}, S_{28}, S_{33}, S_{35}, S_{36}, S_{37}, S_{38}\}$；

$L_5 = \{S_4, S_{18}, S_{40}, S_{41}, S_{42}\}$；

$L_6 = \{S_{12}, S_{13}, S_{14}, S_{15}, S_{19}, S_{39}, S_{46}, S_{47}, S_{48}\}$；

$L_7 = \{S_{32}, S_{38}, S_{43}, S_{45}\}$；$L_8 = \{S_{16}, S_{17}, S_{31}, S_{37}, S_{44}\}$；

$L_9 = \{S_{11}\}$；$L_{10} = \{S_{10}\}$；$L_{11} = \{S_9\}$。

3.3.5　建立 ISM 模型

依据上节所确定的安全影响因素集合，绘制爆破工程事故致因 ISM 模型构建，如图 3-22 所示。

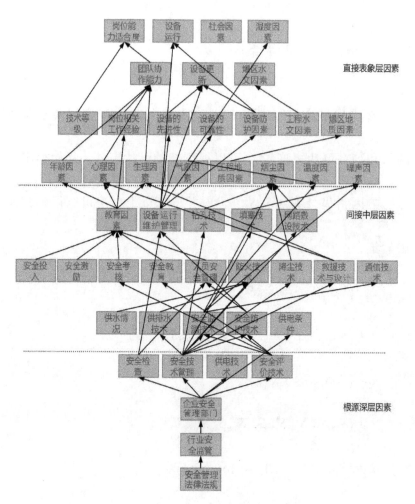

图 3-22 海岛石化项目工程爆破事故致因 ISM 模型

由上述模型可以看出，在海岛石化项目工程爆破安全生产

过程中，首先，安全管理法律法规和政府及企业管理部门的监

管在安全生产中起到决定性的作用；其次，工程爆破安全技术

条件、技术管理以及爆破环境也对工程爆破的安全运行产生很

大的影响。

3.3.6 ISM 模型分析

由图 3-22 可知，工程爆破安全影响因素体系是一个具有多层递阶结构的模型，能清晰地反应出工程爆破各安全影响因素间的层次关系。我们可以将模型划分为三层，分别是直接表象层、间接中间层和根源深层。

1. 直接表象层因素

直接表象层因素主要涉及人员、设备和环境。由此说明工程爆破的安全影响因素是多方面的、复杂的。现场作业人员的能力、设备的好坏以及周边环境的情况，这些最基本的安全因素直接影响了爆破作业的安全，如设备的可靠性、设备的先进性、设备防护、设备更新、设备运行情况等直接影响着工程爆破的安全运行，其内在安全程度越高，对人体的危害越小；而人是受伤害的主体，操作人员的能力、技能知识水平、团队协作能力、年龄因素、心理因素、生理因素等则直接影响着人的受伤害程度；环境因素影响着工程爆破的安全，如工程爆破项目所在地的气候条件、自然灾害等环境因素。

2. 间接中间层因素

安全管理和安全技术是间接中间层的关键因素。安全管理主要包括人员安全管理和设备运行维护管理。对企业中的作业人员需要进行安全教育和安全考核，让作业人员掌握并熟练运用操作技能，增加安全意识，同时需要适当的激励，这样能让员工更有激情地去工作，减少操作失误。安全技术是工程爆破作业的基本，只有掌握先进、正确的安全技术，并在作业中正确实施，才能减少工程爆破作业时的错误操作，保障工程爆破安全。

3. 根源深层因素

根源深层因素主要涉及安全管理法律法规、各级地方政府

的安全监管以及企业内部的安全管理机构。首先，安全管理法

律法规是一切的基础，规定着政府以及企业内部的管理机构的

监管方向和要求；其次，安全技术管理、安全评价以及安全检

查是企业安全管理中的重点。

3.4 监测预警指标建立

3.4.1 监测预警指标体系确定

依据上述监测预警指标体系构建原则和工程爆破作业现场安全事故分析，运用头脑风暴法和德尔菲法，结合企业管理层的管理经验、技术人员的工作经验以及专家学者的知识经验，科学选取工程爆破作业现场监测预警指标[102]。工程爆破监测预警主要确定的四个一级指标为人员因素、爆区环境因素、安全管理因素和海岛作业设备因素。

1. 人员因素

（1）安全操作率

工程爆破作业人员在进行安全操作时应严格遵守相关安全

规章制度，如进入工程爆破作业现场应戴安全帽，进行高空作业应系安全带[102]。其计算公式如下所示：

$$安全操作率 = 1 - \frac{操作违纪次数}{作业次数} \times 100\% \qquad (3\text{-}4)$$

（2）安全技术人员配备率

安全人员是保障工程爆破作业过程安全运行的关键。企业要提高工程爆破作业的安全水平，则要拥有一定比率的安全人员。计算公式如下式所示：

$$安全人员配备率 = \frac{实际安全人员}{实际人员编制} \times 100\% \qquad (3\text{-}5)$$

（3）身体健康状况

作业人员的身体健康状况直接影响着其能否胜任爆破工作。其计算公式如下所示：

$$身体健康状况 = \frac{体检合格人数}{参加体检人数} \times 100\% \qquad (3\text{-}6)$$

（4）爆破设备操作考核合格率

引发工程爆破作业现场安全事故的重要原因之一就是施工工作人员的技能水平不高，因此提高施工工作人员对爆破设备操作技能的水平是控制事故的有效途径。其计算公式如下所示：

$$爆破设备操作考核合格率 = \frac{爆破设备操作达标总人数}{施工工作员工总数} \times 100\% \quad (3\text{-}7)$$

（5）海上求生技能掌握率

由于工程爆破作业在海岛上进行，一旦发生事故只能靠海上救援，因此作业人员应掌握相应的海上求生技能，在安全事故发生时可以自救，从而降低安全事故发生造成的人员伤亡率[103]。其计算公式如下所示：

$$海上求生技能掌握率 = \frac{海上求生技能掌握人数}{作业总人数} \times 100\% \quad (3\text{-}8)$$

2. 爆区环境因素

（1）海岛作业场所合格率

工程爆破作业空间是人员、机器设备、通风、通电、运输和采掘作业的主要活动区域。与危险电器设备安全距离小并且交叉作业，非常容易引发安全事故，造成人员伤害和设备损坏，因此在现场布置中，作业场所合格率是尤为重要的。

(2) 海岛安全通道合格率

安全通道是安全事故发生时的人员紧急撤离通道，因此安全通道必须符合标准。其计算公式如下所示：

$$海岛安全通道合格率 = \frac{合格安全通道数}{安全通道总数} \times 100\% \qquad (3\text{-}9)$$

(3) 海岛环境淡水资源供给率

由于项目处于海岛环境附近，淡水资源紧缺，生产用水主要用于施工降尘，岛上没有可利用的淡水资源，因此在海岛环境下施工时如何解决人需的淡水资源问题，使得海岛环境淡水资源供给率备受关注。

(4) 海岛地质环境评价

海岛地质结构是工程爆破技术选择和设计的基础[104]。地质环境结构越复杂，则在工程爆破作业过程中更加容易发生安全事故。本书将海岛地质结构复杂度分为三级标准 (复杂、一般和简单) 进行评价取值。

（5）雷雨、台风天气

根据相关海岛的气象报告分析，海岛极端恶劣天气主要包括雷暴雨天气和台风天气。在极端天气施工，如果不及时采取相应的措施，可能给工程爆破作业现场带来巨大的损失。

（6）矿体性状评价

矿体性状评价主要是对工程爆破区域的矿体数量、规模、形态、产状、分布以及夹石的岩性等情况进行定性分析。通常，矿体性状作业难度系数越低，则其爆破作业安全系数越高。本书对矿体性状评价按照作业难度系数分为三级标准（复杂、一般和简单）进行取值。

3. 安全管理因素

事故致因理论认为，安全管理因素是安全事故发生的根本原因[105]。工程爆破作业现场安全管理监测预警主要包括如下指标：

（1）管理技术标准完善率

管理技术标准是工程爆破作业现场安全的重要保障。因此，管理技术标准完善率是工程爆破作业现场管理因素监测的重要指标。其计算公式如下所示：

$$管理技术标准完善率 = \frac{落实的管理技术数}{管理技术标准的总数} \times 100\% \quad (3-10)$$

（2）安全规程执行情况

安全规程是否有效落实，直接影响到作业现场的安全度。因此，安全规程执行情况也是工程爆破作业现场管理因素监测的重要指标。其计算公式如下所示：

$$安全规程执行情况 = \frac{执行的安全规程数}{安全规程总数} \times 100\% \quad (3-11)$$

（3）安全检查落实率

安全检查与隐患整改的主要目的：安全检查是为了及时排查可能存在的隐患、问题，但是安全检查不能只是检查出问题，应及时对安全隐患进行整改，才能从根本上促进提高工程爆破作业现场安全管理的水平。因此，安全检查落实率是评价安全检查是否有效的关键[106]。其计算公式如下所示：

$$安全检查落实率 = \frac{整改总数}{全面检查安全隐患} \times 100\% \qquad (3-12)$$

（4）安全培训教育情况

对员工进行安全培训教育是为了能提高员工的安全素质，是做好工程爆破作业安全工作的关键。安全培训考核合格率可以直观地反映安全培训教育情况[107]。其计算公式如下所示：

$$安全培训考核合格率 = \frac{安全培训合格人数}{安全培训总人数} \times 100\% \qquad (3-13)$$

（5）应急预案完善性

工程爆破作业作为高危行业应制定相应的工程爆破事故应急预案，必须全面覆盖、完善工程爆破主要的安全事故，并提出相关方案和措施，以便于开展应急救援工作，从而降低事故的伤亡率。其计算公式如下所示：

$$应急预案完善性 = \frac{全面应急机制}{所需应急机制} \times 100\% \qquad (3-14)$$

（6）信息沟通有效率

信息是安全作业各个系统互相沟通的重要通道，是一切安全管理活动的重要基础[108]。信息能否有效地沟通对工程爆破作业的安全管理非常重要，所以通过信息沟通有效率计算可以有效地反映工程爆破作业信息的流通率。其计算公式如下所示：

$$信息沟通有效率 = \frac{有效信息数}{信息总数} \times 100\% \tag{3-15}$$

（7）海岛环境应急处置能力

爆破工程作业现场位于悬水孤岛，交通极为不便，一旦发生安全事故，外界救援力量不能及时实施援助，因此对项目自身的海岛环境应急处置能力要求相当高。

（8）极端天气作业方案完善性

海岛环境下极端天气难以控制，如 7 月份是台风尤为活跃的时期，应及时做出极端天气作业方案，做好相应的安全防范措施，防止极端天气对作业设备造成经济损失，对工作人员造成人身伤害。

4. 海岛作业设备因素

(1) 爆破设备可靠度

由于工程爆破作业十分复杂，故而对爆破设备的可靠度应该严格要求。如果爆破设备可靠度低，则作业施工时将存在巨大隐患，很可能出现人员伤亡、经济损失等安全事故。

(2) 安全防护设备可靠度

人员在作业过程中，尤其是使用高速运转设备时，应严格要求安全防护设备可靠度。较高的安全防护设备可靠度可以确保操作人员不受伤害；安全防护设备不到位将会导致设备在不安全状态下运转，为事故的发生埋下隐患。因此，做好安全防护设备合格检查任务则变得十分重要。安全防护设备可靠度计算公式如下式所示：

$$\text{安全防护设备可靠度} = \frac{\text{安全防护设备合格数量}}{\text{安全防护设备数量}} \times 100\% \quad (3\text{-}16)$$

（3）避雷装置覆盖率

雷暴灾害具有突发性强的特点，会造成巨大的危害。尤其在海岛环境下，雷暴天气时有发生且难以预测，况且现在的施工用房多为金属活动板房，因此在作业现场的建筑物上装设一定数量的避雷装置尤为重要[109]。

（4）后勤保障船舶

海岛环境下交通极为不便，工程项目所需的所有生产、生活物资都需要海运，而一旦发生安全事故，紧急撤离时只能通过船舶撤离，所以后勤保障船舶可撤离人口的数量尤为重要。

其计算公式如下所示：

$$后勤保障船舶 = \frac{后勤保障船舶可运输人数}{作业现场总人数} \times 100\% \quad (3\text{-}17)$$

综上所述，工程爆破监测预警指标体系如图 3-23 所示。

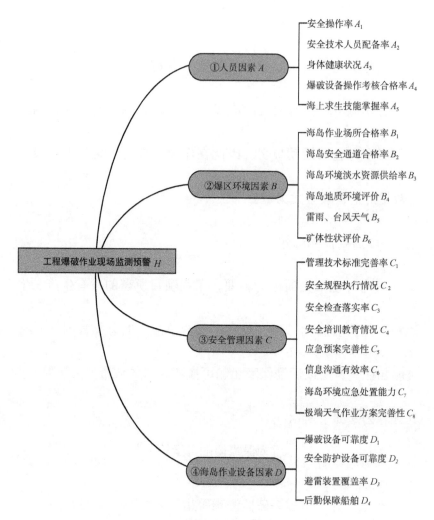

图 3-23　工程爆破监测预警指标体系

3.4.2　监测预警指标权重的确定

基于 AHP 方法和 Yaahp 软件监测预警指标权重计算。

1. AHP 法介绍

层次分析法（Analytic Hierarchy Process，简称 AHP），是一种多目标层次分析方法，将所要研究的问题用明确的梯级层次模型表达出来，该方法的原理是将决策者的经验判断加以量化[110]。在每一层次中一系列成对因素进行逐一对比，由此组成判断矩阵，由此确定各指标的权重。AHP 有以下几个优点：

（1）系统分解存在的各个安全因素，形成科学、全面的层次分析结构[111]。

（2）判断方式是通过对比两两因素之间的重要程度，并不需要绝对地对某个风险因素进行打分。

（3）运用决策的基本思维：分解—判断—综合。

（4）量化各个风险因素的数值，并且避免了主观打分。

2. Yaahp 软件介绍

Yaahp 软件是国内目前应用 AHP 方法最广泛的软件，是基

于层次分析基本原理开发出的便捷的层次计算模型软件。Yaahp

软件最大的优点是充分考虑到人们在进行决策时具有主观意向,

故而在最大程度保留专家决策数据的前提下,对判断矩阵进行

修正并通过一致性验证,对有需要修改的判断矩阵会进行颜色

标记提醒,方便使用者修改,修正过程十分便捷[112]。Yaahp 软

件使用流程如图 3-24 所示。

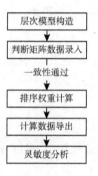

图 3-24 Yaahp 软件使用流程

本书选取舟山绿色石化基地二期矿山开采爆破工程作为研

究对象,依据我们前述的获得二级指标权重的方法。

依据工程爆破作业现场监测预警指标体系,通过编制专家

调查表对各指标进行赋值,基于 AHP 方法和 Yaahp 软件监测预

警指标权重计算。

（1）一级预警指标的判断矩阵与权重（见表 3-3、图 3-25）

一致性比例：0.0789；对"工程爆破作业现场监测预警"的

权重：1.0000；λ_{max}=4.2106。

表 3-3　一级预警指标的判断矩阵与权重

工程爆破作业现场监测预警	人员因素	爆区环境因素	安全管理因素	海岛作业设备因素	W_i
人员因素	1	3	2	2	0.4004
爆区环境因素	0.3333	1	0.3333	0.25	0.0862
安全管理因素	0.5	3	1	0.3333	0.1777
海岛作业设备因素	0.5	4	3	1	0.3358

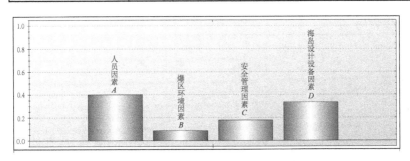

图 3-25　一级预警指标的权重

(2)二级预警人员因素的判断矩阵与权重(见表3-4、图3-26)

一致性比例：0.0922；对"工程爆破作业现场监测预警"的权重：0.4004；λ_{max}=5.4129。

表 3-4　二级预警人员因素的判断矩阵与权重

人员因素	安全操作率	安全技术人员配备率	身体健康状况	爆破设备操作考核合格率	海上求生技能掌握率	W_i
安全操作率	1	4	8	3	3	0.4514
安全技术人员配备率	0.25	1	5	0.25	0.5	0.1091
身体健康状况	0.125	0.2	1	0.3333	0.3333	0.0474
爆破设备操作考核合格率	0.3333	4	3	1	3	0.257
海上求生技能掌握率	0.3333	2	3	0.3333	1	0.1351

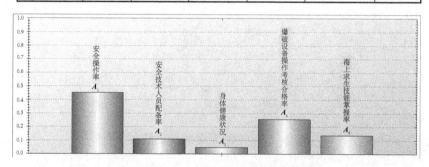

图 3-26　二级预警人员因素的权重

（3）二级预警爆区环境因素的判断矩阵与权重（见表 3-5、

图 3-27）

一致性比例：0.0909；对"工程爆破作业现场监测预警"的

权重：0.0862；λ_{max}=6.5724。

表 3-5　二级预警爆区环境因素的判断矩阵与权重

爆区 环境因素	海岛作业场所合格率	海岛安全通道合格率	海岛环境淡水资源供给率	海岛地质环境评价	雷雨、台风天气	矿体性状评价	W_i
海岛作业场所合格率	1	2	4	5	4	5	0.3695
海岛安全通道合格率	0.5	1	3	4	5	4	0.2758
海岛环境淡水资源供给率	0.25	0.3333	1	5	3	5	0.1663
海岛地质环境评价	0.2	0.25	0.2	1	0.2	1	0.0433
雷雨、台风天气	0.25	0.2	0.3333	5	1	3	0.0997

续　表

爆区环境因素	海岛作业场所合格率	海岛安全通道合格率	海岛环境淡水资源供给率	海岛地质环境评价	雷雨、台风天气	矿体性状评价	W_i
矿体性状评价	0.2	0.25	0.2	1	0.3333	1	0.0453

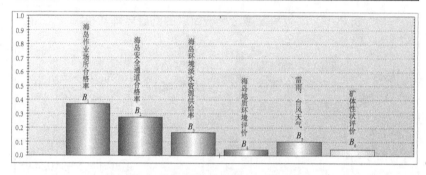

图 3-27　二级预警爆区环境因素的权重

（4）二级预警爆区安全管理因素的判断矩阵与权重（见表 3-6、图 3-28）

一致性比例：0.0940；对"工程爆破作业现场监测预警"的权重：0.1777；λ_{max}=8.9277。

表 3-6　二级预警爆区安全管理因素的判断矩阵与权重

安全管理因素	管理技术标准完善率	安全规程执行情况	安全检查落实率	安全培训教育情况	应急预案完善性	信息沟通有效率	海岛环境应急处置能力	极端天气作业方案完善性	W_i
管理技术标准完善率	1	0.3333	0.5	3	3	5	3	5	0.1774
安全规程执行情况	3	1	3	5	3	5	4	4	0.3012
安全检查落实率	2	0.3333	1	3	2	4	3	5	0.1897
安全培训教育情况	0.3333	0.2	0.3333	1	0.5	0.3333	0.5	0.3333	0.0392
应急预案完善性	0.3333	0.3333	0.5	2	1	4	3	4	0.1206
信息沟通有效率	0.2	0.2	0.25	3	0.25	1	0.3333	0.25	0.0415

续　表

安全管理因素	管理技术标准完善率	安全规程执行情况	安全检查落实率	安全培训教育情况	应急预案完善性	信息沟通有效率	海岛环境应急处置能力	极端天气作业方案完善性	W_i
海岛环境应急处置能力	0.3333	0.25	0.3333	2	0.3333	3	1	1	0.064
极端天气作业方案完善性	0.2	0.25	0.2	3	0.25	4	1	1	0.0664

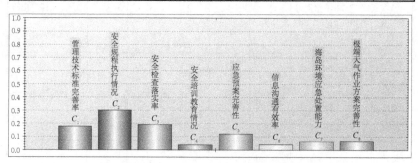

图 3-28　二级预警爆区安全管理因素的权重

（5）二级预警爆区海岛作业设备因素的判断矩阵与权重（见表 3-7、图 3-29）

一致性比例：0.0618；对"工程爆破作业现场监测预警"的

权重：0.3358；λ_{max}=4.1649。

表 3-7　二级预警爆区海岛作业设备因素的判断矩阵与权重

设备因素	爆破设备可靠度	安全防护设备可靠度	避雷装置覆盖率	后勤保障船舶	W_i
爆破设备可靠度	1	3	4	3	0.5026
安全防护设备可靠度	0.3333	1	4	3	0.2852
避雷装置覆盖率	0.25	0.25	1	1	0.0982
后勤保障船舶	0.3333	0.3333	1	1	0.114

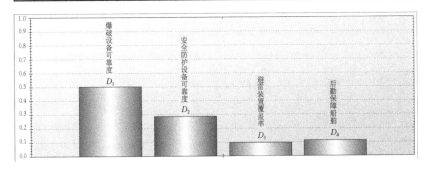

图 3-29　二级预警爆区海岛作业设备因素的权重

（6）工程爆破作业现场监测预警指标权重总体分布一览

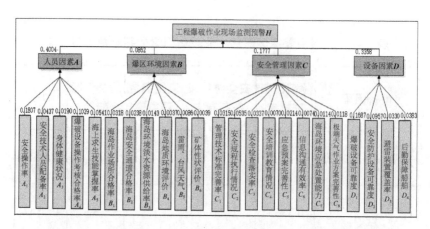

图 3-30　工程爆破作业现场监测预警指标权重总体分布

3.5　工程爆破作业现场监测预警模型构建

3.5.1　基于模糊综合评价法的监测预警模型

在监测预警模型基本理论和安全预警模型构建原则基础上，结合模糊综合评价法构建工程爆破作业现场监测预警模型。

（1）确定一、二级指标的评语集。工程爆破作业监测预警模型警级分为四级，组成的评语集：

$$V = \{V_1, \ V_2, \ V_3, \ V_4\} = \{\text{无警，轻警，中警，重警}\}。$$

（2）分别确立一级评价指标 A（人员）、B（环境）、C（管理）、D（设备）的评价因素集 U_A、U_B、U_C、U_D。

$$U_A = \left\{U_{A_1}, U_{A_2}, U_{A_3}, U_{A_4}, U_{A_5}\right\};$$

$$U_B = \left\{U_{B_1}, U_{B_2}, U_{B_3}, U_{B_4}, U_{B_5}, U_{B_6}\right\};$$

$$U_C = \left(U_{C_1}, U_{C_2}, U_{C_3}, U_{C_4}, U_{C_5}, U_{C_6}, U_{C_7}, U_{C_8} \right);$$

$$U_D = \left\{ U_{D_1}, U_{D_2}, U_{D_3}, U_{D_4} \right\}。$$

（3）确定该二级预警指标评价等级 V 的隶属度 R。对各个二级预警指标进行单因素分析，并进行专家打分评定等级，确定评价等级 V 的隶属度 R，分别为 R_A、R_B、R_C、R_D。

（4）分别计算二级评价指标的模糊综合评价集 B_A、B_B、B_C、B_D。其中，W_A、W_B、W_C、W_D 分别为评价因素 A（人员）、B（环境）、C（管理）、D（设备）中的各单因素的权重集。

$$
\begin{aligned}
B_A &= W_A \cdot R_A \\
&= \begin{pmatrix} a_{A_1} & a_{A_2} & a_{A_3} & a_{A_4} & a_{A_5} \end{pmatrix} \cdot \\
&\begin{bmatrix}
r_{A_1,1} & r_{A_1,2} & r_{A_1,3} & r_{A_1,4} & r_{A_1,5} \\
r_{A_2,1} & r_{A_2,2} & r_{A_2,3} & r_{A_2,4} & r_{A_2,5} \\
r_{A_3,1} & r_{A_3,2} & r_{A_3,3} & r_{A_3,4} & r_{A_3,5} \\
r_{A_4,1} & r_{A_4,2} & r_{A_4,3} & r_{A_4,4} & r_{A_4,5} \\
r_{A_5,1} & r_{A_5,2} & r_{A_5,3} & r_{A_5,4} & r_{A_5,5}
\end{bmatrix}
\end{aligned}
\tag{3-18}
$$

$$
R_A = \begin{bmatrix}
r_{A_1,1} & r_{A_1,2} & r_{A_1,3} & r_{A_1,4} & r_{A_1,5} \\
r_{A_2,1} & r_{A_2,2} & r_{A_2,3} & r_{A_2,4} & r_{A_2,5} \\
r_{A_3,1} & r_{A_3,2} & r_{A_3,3} & r_{A_3,4} & r_{A_3,5} \\
r_{A_4,1} & r_{A_4,2} & r_{A_4,3} & r_{A_4,4} & r_{A_4,5} \\
r_{A_5,1} & r_{A_5,2} & r_{A_5,3} & r_{A_5,4} & r_{A_5,5}
\end{bmatrix}
\tag{3-19}
$$

$$B_B = W_B \cdot R_B = \begin{pmatrix} a_{B_1} & a_{B_2} & a_{B_3} & a_{B_4} & a_{B_5} & a_{B_6} \end{pmatrix}$$

$$\begin{bmatrix} r_{B_1,1} & r_{B_1,2} & r_{B_1,3} & r_{B_1,4} & r_{B_1,5} & r_{B_1,6} \\ r_{B_2,1} & r_{B_2,2} & r_{B_2,3} & r_{B_2,4} & r_{B_2,5} & r_{B_2,6} \\ r_{B_3,1} & r_{B_3,2} & r_{B_3,3} & r_{B_3,4} & r_{B_3,5} & r_{B_3,6} \\ r_{B_4,1} & r_{B_4,2} & r_{B_4,3} & r_{B_4,4} & r_{B_4,5} & r_{B_4,6} \\ r_{B_5,1} & r_{B_5,2} & r_{B_5,3} & r_{B_5,4} & r_{B_5,5} & r_{B_5,6} \\ r_{B_6,1} & r_{B_6,2} & r_{B_6,3} & r_{B_6,4} & r_{B_6,5} & r_{B_6,6} \end{bmatrix} \tag{3-20}$$

$$R_B = \begin{bmatrix} r_{B_1,1} & r_{B_1,2} & r_{B_1,3} & r_{B_1,4} & r_{B_1,5} & r_{B_1,6} \\ r_{B_2,1} & r_{B_2,2} & r_{B_2,3} & r_{B_2,4} & r_{B_2,5} & r_{B_2,6} \\ r_{B_3,1} & r_{B_3,2} & r_{B_3,3} & r_{B_3,4} & r_{B_3,5} & r_{B_3,6} \\ r_{B_4,1} & r_{B_4,2} & r_{B_4,3} & r_{B_4,4} & r_{B_4,5} & r_{B_4,6} \\ r_{B_5,1} & r_{B_5,2} & r_{B_5,3} & r_{B_5,4} & r_{B_5,5} & r_{B_5,6} \\ r_{B_6,1} & r_{B_6,2} & r_{B_6,3} & r_{B_6,4} & r_{B_6,5} & r_{B_6,6} \end{bmatrix} \tag{3-21}$$

$$B_c = W_c \cdot R_c = \begin{pmatrix} a_{C_1} & a_{C_2} & a_{C_3} & a_{C_4} & a_{C_5} & a_{C_6} & a_{C_7} & a_{C_8} \end{pmatrix} \cdot$$

$$\begin{bmatrix} r_{C_1,1} & r_{C_1,2} & r_{C_1,3} & r_{C_1,4} & r_{C_1,5} & r_{C_1,6} & r_{C_1,7} & r_{C_1,8} \\ r_{C_2,1} & r_{C_2,2} & r_{C_2,3} & r_{C_2,4} & r_{C_2,5} & r_{C_2,6} & r_{C_2,7} & r_{C_2,8} \\ r_{C_3,1} & r_{C_3,2} & r_{C_3,3} & r_{C_3,4} & r_{C_3,5} & r_{C_3,6} & r_{C_3,7} & r_{C_3,8} \\ r_{C_4,1} & r_{C_4,2} & r_{C_4,3} & r_{C_4,4} & r_{C_4,5} & r_{C_4,6} & r_{C_4,7} & r_{C_4,8} \\ r_{C_5,1} & r_{C_5,2} & r_{C_5,3} & r_{C_5,4} & r_{C_5,5} & r_{C_5,6} & r_{C_5,7} & r_{C_5,8} \\ r_{C_6,1} & r_{C_6,2} & r_{C_6,3} & r_{C_6,4} & r_{C_6,5} & r_{C_6,6} & r_{C_6,7} & r_{C_6,8} \\ r_{C_7,1} & r_{C_7,2} & r_{C_7,3} & r_{C_7,4} & r_{C_7,5} & r_{C_7,6} & r_{C_7,7} & r_{C_7,8} \\ r_{C_8,1} & r_{C_8,2} & r_{C_8,3} & r_{C_8,4} & r_{C_8,5} & r_{C_8,6} & r_{C_8,7} & r_{C_8,8} \end{bmatrix} \tag{3-22}$$

$$R_C = \begin{bmatrix} r_{C_1,1} & r_{C_1,2} & r_{C_1,3} & r_{C_1,4} & r_{C_1,5} & r_{C_1,6} & r_{C_1,7} & r_{C_1,8} \\ r_{C_2,1} & r_{C_2,2} & r_{C_2,3} & r_{C_2,4} & r_{C_2,5} & r_{C_2,6} & r_{C_2,7} & r_{C_2,8} \\ r_{C_3,1} & r_{C_3,2} & r_{C_3,3} & r_{C_3,4} & r_{C_3,5} & r_{C_3,6} & r_{C_3,7} & r_{C_3,8} \\ r_{C_4,1} & r_{C_4,2} & r_{C_4,3} & r_{C_4,4} & r_{C_4,5} & r_{C_4,6} & r_{C_4,7} & r_{C_4,8} \\ r_{C_5,1} & r_{C_5,2} & r_{C_5,3} & r_{C_5,4} & r_{C_5,5} & r_{C_5,6} & r_{C_5,7} & r_{C_5,8} \\ r_{C_6,1} & r_{C_6,2} & r_{C_6,3} & r_{C_6,4} & r_{C_6,5} & r_{C_6,6} & r_{C_6,7} & r_{C_6,8} \\ r_{C_7,1} & r_{C_7,2} & r_{C_7,3} & r_{C_7,4} & r_{C_7,5} & r_{C_7,6} & r_{C_7,7} & r_{C_7,8} \\ r_{C_8,1} & r_{C_8,2} & r_{C_8,3} & r_{C_8,4} & r_{C_8,5} & r_{C_8,6} & r_{C_8,7} & r_{C_8,8} \end{bmatrix} \tag{3-23}$$

$$B_D = W_D \cdot R_D$$

$$= \begin{pmatrix} a_{D_1} & a_{D_2} & a_{D_3} & a_{D_4} \end{pmatrix} \cdot \begin{bmatrix} r_{D_1,1} & r_{D_1,2} & r_{D_1,3} & r_{D_1,4} \\ r_{D_2,1} & r_{D_2,2} & r_{D_2,3} & r_{D_2,4} \\ r_{D_3,1} & r_{D_3,2} & r_{D_3,3} & r_{D_3,4} \\ r_{D_4,1} & r_{D_4,2} & r_{D_4,3} & r_{D_4,4} \end{bmatrix} \tag{3-24}$$

$$R_D = \begin{bmatrix} r_{D_1,1} & r_{D_1,2} & r_{D_1,3} & r_{D_1,4} \\ r_{D_2,1} & r_{D_2,2} & r_{D_2,3} & r_{D_2,4} \\ r_{D_3,1} & r_{D_3,2} & r_{D_3,3} & r_{D_3,4} \\ r_{D_4,1} & r_{D_4,2} & r_{D_4,3} & r_{D_4,4} \end{bmatrix} \tag{3-25}$$

（5）确立评价对象 H（工程爆破作业现场综合评价）的评价因素集 $U_H = \{U_{H_A}, U_{H_B}, U_{H_C}, U_{H_D}\}$。

（6）确立评价对象 H（工程爆破作业现场综合评价）的单因素评价矩阵 R_H。

$$R_H = \begin{bmatrix} B_A \\ B_B \\ B_C \\ B_D \end{bmatrix} \qquad (3\text{-}26)$$

（7）计算一级评价指标。H（工程爆破作业现场综合评价）的模糊综合评价集 B_H。其中，W_H 为评价因素 H（工程爆破作业现场综合评价）中的各单因素（人员、设备、环境和管理）的权重集；B_H 为最终模糊综合评价集。

$$B_H = W_H \cdot R_H = \begin{pmatrix} a_{H_A} & a_{H_B} & a_{H_C} & a_{H_D} \end{pmatrix} \begin{bmatrix} B_A \\ B_B \\ B_C \\ B_D \end{bmatrix} \qquad (3\text{-}27)$$

（8）模糊综合评价得分依据评语集 V，同时按最大隶属度原则计算得到综合评价结果，根据预警等级表确定预警信息。

（9）由于模糊综合评价只能体现本次工程爆破作业综合安全水平，并不能体现各指标的具体实际情况[113]，故而明确各二级指标的实际情况，使优化方案更加合理。二级指标权重偏差概念定义如下：

①指标得分权重 X_{A_i}。

X_{A_i} 是各个二级指标评分 U_{A_i} 占综合评价得分 U 的比重：

$$X_{A_i} = \frac{U_{A_i}}{U} \tag{3-28}$$

②二级指标权重偏差 E_{A_i}。

E_{A_i} 即为指标得分权重 X_{A_i} 与原指标权重 W_{A_i} 的权重偏差：

$$E_{A_i} = \frac{X_i - W_{A_i}}{W_{A_i}} \tag{3-29}$$

如果指标权重偏差大于零，则表明该指标具体实际情况良好，超过专家的期望值；如果小于零，则表明该指标具体实际情况有待提高，与专家的期望值存在一定差距，并且指标权重偏差负值越大，则距离期望值差距越大。

3.5.2　监测预警等级确定

确定工程爆破作业监测预警警限是为预警警级的预报提供判断依据。为能准确、科学地确定监测预警警限，采取调查法、专家评定法和历史数据法等相关方法确定，并通过多次讨论、修改确定评价得分区间对应的预警警级。监测预警模型综合评价的总分为 10 分，根据监测预警警级设置原则和工程爆破作业监测预警的实际需要，将预警警级分为 4 个等级 (如表 3-8 所示)，并设置四种对应的预警颜色，以便更直观地观察。

表 3-8 监测预警信号

预警警级	无警	轻警	中警	重警
评价得分区间	9 ~ 10	7 ~ 9	5 ~ 7	1 ~ 5
预警信号	绿色	黄色	橙色	红色

3.5.3 预警模型运行流程

工程爆破作业现场监测预警模型是一个能够对工程爆破作业现场安全管理进行全面监控、分析、综合评价的预警模型，这个预警模型运行流程 (见图 3-31) 分析如下：

首先，由监测预警指标的检测系统对工程爆破作业过程安全生产的各个预警指标进行数值监测。监测数据主要通过日常安全检查、定期安全巡检和安全考核等措施进行数据的获取。获取到相关数据之后输入监测预警模型，进行安全评价，并得到警度，发布预警信息。如果模型警度不在危险区间，那么反

馈给作业系统，则系统正常运行；但是如果警度处在危险区间，

得到工程爆破作业现场存在的主要危险因素，对后续的安全管

理进行针对性改进，采取相应措施后重新进行预警模型运行；

如果显示故障排除，不在危险区间，则工程爆破作业正常进行。

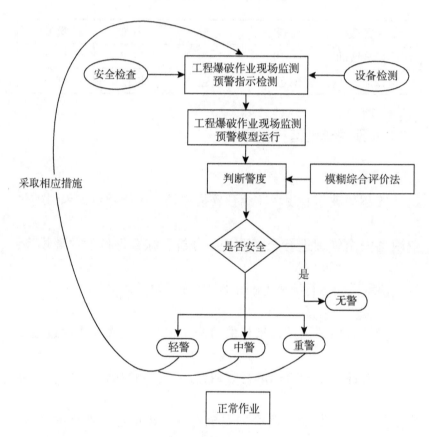

图 3-31　预警模型运行流程

3.6　监测预警模型实例运行

3.6.1　确定评价指标权重值（见表 3-9）

表 3-9　评价指标权重值

评价对象	一级 指标	二级 指标	二级 指标权重
工程爆破作业 现场综合评价	人员因素 0.4004	安全操作率 A_1	0.1807
		安全技术人员配备率 A_2	0.0437
		身体健康状况 A_3	0.0190
		爆破设备操作考核合格率 A_4	0.1029
		海上求生技能掌握率 A_5	0.0541
	爆区环境因素 0.0862	海岛作业场所合格率 B_1	0.0318
		海岛安全通道合格率 B_2	0.0238
		海岛环境淡水资源供给率 B_3	0.0143
		海岛地质环境评价 B_4	0.0037
		雷雨、台风天气 B_5	0.0086
		矿体性状评价 B_6	0.0039

续　表

评价对象	一级指标	二级指标	二级指标权重
	安全管理因素 0.1777	管理技术标准完善率 C_1	0.0315
		安全规程执行情况 C_2	0.0535
		安全检查落实率 C_3	0.0337
		安全培训教育情况 C_4	0.0070
		应急预案完善性 C_5	0.0214
		信息沟通有效率 C_6	0.0074
		海岛环境应急处置能力 C_7	0.0114
		极端天气作业方案完善性 C_8	0.0118
	海岛作业设备因素 0.3358	爆破设备可靠度 D_1	0.1687
		安全防护设备可靠度 D_2	0.0957
		避雷装置覆盖率 D_3	0.0330
		后勤保障船舶 D_4	0.0383

3.6.2　确定隶属度

根据工程爆破作业现场的实际情况并进行综合评价，各二级指标综合评分如表3-10所示：

表 3-10 综合评价评分表

评价对象	二级评价指标	评分
工程爆破作业现场综合评价	安全操作率 A_1	9.1
	安全技术人员配备率 A_2	8.5
	身体健康状况 A_3	9.5
	爆破设备操作考核合格率 A_4	9.3
	海上求生技能掌握率 A_5	8.4
	海岛作业场所合格率 B_1	8.6
	海岛安全通道合格率 B_2	8
	海岛环境淡水资源供给率 B_3	8
	海岛地质环境评价 B_4	8.8
	雷雨、台风天气 B_5	8.5
	矿体性状评价 B_6	8.2
	管理技术标准完善率 C_1	9.3
	安全规程执行情况 C_2	9.2
	安全检查落实率 C_3	9.1
	安全培训教育情况 C_4	9.5
	应急预案完善性 C_5	9
	信息沟通有效率 C_6	9.1
	海岛环境应急处置能力 C_7	9.2
	极端天气作业方案完善性 C_8	9.2
	爆破设备可靠度 D_1	9.4
	安全防护设备可靠度 D_2	9.1
	避雷装置覆盖率 D_3	8.5
	后勤保障船舶 D_4	8.4

3.6.3 模糊综合评价

1. 模糊综合评价得分

绿色石化基地二期矿山开采爆破工程作业现场综合评价的总分为 10 分[114]，模糊综合评价情况如表 3-11 所示：

表 3-11 模糊综合评价得分表

评价对象	评价指标	评分				
		隶属度	权重	综合评价得分 (U)	得分率	预警信息
工程爆破作业现场综合评价	安全操作率 A_1	9.1	0.1807	9.02	90.2%	无警
	安全技术人员配备率 A_2	8.5	0.0437			
	身体健康状况 A_3	9.5	0.0190			
	爆破设备操作考核合格率 A_4	9.3	0.1029			
	海上求生技能掌握率 A_5	8.4	0.0541			
	海岛作业场所合格率 B_1	8.6	0.0318			

评价对象	评价指标	评分				
		隶属度	权重	综合评价得分（U）	得分率	预警信息
	海岛安全通道合格率 B_2	8	0.0238			
	海岛环境淡水资源供给率 B_3	8	0.0143			
	海岛地质环境评价 B_4	8.8	0.0037			
	雷雨、台风天气 B_5	8.5	0.0086			
	矿体性状评价 B_6	8.2	0.0039			
	管理技术标准完善率 C_1	9.3	0.0315	9.02	90.2%	无警
	安全规程执行情况 C_2	9.2	0.0535			
	安全检查落实率 C_3	9.1	0.0337			
	安全培训教育情况 C_4	9.5	0.0070			
	应急预案完善性 C_5	9	0.0214			
	信息沟通有效率 C_6	9.1	0.0074			
	海岛环境应急处置能力 C_7	9.2	0.0114			
	极端天气作业方案完善性 C_8	9.2	0.0118			

续　表

评价对象	评价指标	评分				
		隶属度	权重	综合评价得分 (U)	得分率	预警信息
	爆破设备可靠度 D_1	9.4	0.1687	9.02	90.2%	无警
	安全防护设备可靠度 D_2	9.1	0.0957			
	避雷装置覆盖率 D_3	8.5	0.0330			
	后勤保障船舶 D_4	8.4	0.0383			

如上表 3-11 所示，本次工程爆破作业现场综合得分为 9.02 分，其得分率为 90.2%，评价预警信息无警，二期矿山开采爆破工程安全水平较高。经与作业施工单位安全管理人员讨论，该评分结果与他们的预期基本符合，因此和实际情况对比，二期矿山开采爆破工程基本符合质量要求标准。

2. 综合分析

（1）根据指标定义及计算公式（3-28）和公式（3-29），权重对比如图 3-32 所示。

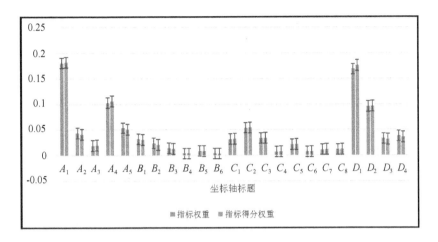

图 3-32　权重对比图

（2）根据二级指标权重偏差公式如表 3-12 所示。

表 3-12　指标权重偏差分析表

评价对象	评价指标	评分	指标权重	指标得分权重	指标权重偏差
工程爆破作业现场综合评价	安全操作率 A_1	9.1	0.1807	0.1823	0.0089
	安全技术人员配备率 A_2	8.5	0.0437	0.0412	-0.0576
	身体健康状况 A_3	9.5	0.0190	0.0200	0.0532
	爆破设备操作考核合格率 A_4	9.3	0.1029	0.1061	0.0310
	海上求生技能掌握率 A_5	8.4	0.0541	0.0504	-0.0687
	海岛作业场所合格率 B_1	8.6	0.0318	0.0303	-0.0466

评价对象	评价指标	评分	指标权重	指标得分权重	指标权重偏差
	海岛安全通道合格率 B_2	8	0.0238	0.0211	-0.1131
	海岛环境淡水资源供给率 B_3	8	0.0143	0.0127	-0.1131
	海岛地质环境评价 B_4	8.8	0.0037	0.0036	-0.0244
	雷雨、台风天气 B_5	8.5	0.0086	0.0081	-0.0576
	矿体性状评价 B_6	8.2	0.0039	0.0035	-0.0909
	管理技术标准完善率 C_1	9.3	0.0315	0.0325	0.0310
	安全规程执行情况 C_2	9.2	0.0535	0.0546	0.0200
	安全检查落实率 C_3	9.1	0.0337	0.0340	0.0089
	安全培训教育情况 C_4	9.5	0.0070	0.0074	0.0532
	应急预案完善性 C_5	9	0.0214	0.0214	-0.0022
	信息沟通有效率 C_6	9.1	0.0074	0.0075	0.0089
	海岛环境应急处置能力 C_7	9.2	0.0114	0.0116	0.0200
	极端天气作业方案完善性 C_8	9.2	0.0118	0.0120	0.0200

续　表

评价对象	评价指标	评分	指标权重	指标得分权重	指标权重偏差
	爆破设备可靠度 D_1	9.4	0.1687	0.1758	0.0421
	安全防护设备可靠度 D_2	9.1	0.0957	0.0965	0.0089
	避雷装置覆盖率 D_3	8.5	0.0330	0.0311	-0.0576
	后勤保障船舶 D_4	8.4	0.0383	0.0357	-0.0687

（3）通过模糊综合评价方法对二期矿山开采爆破工程综合评价，工程爆破作业现场综合评价结论如下：

安全操作率、身体健康状况、爆破设备操作考核合格率、管理技术标准完善率、安全规程执行情况、安全检查落实率、安全培训教育情况、信息沟通有效率、海岛环境应急处置能力、极端天气作业方案完善性、爆破设备可靠度、安全防护设备可靠度共 12 个指标得分权重高于专家预期的权重，达到较为满意的效果[115]。

海岛地质环境评价，雷雨、台风天气，矿体性状评价 3 个指标得分权重虽然低于专家预期权重[116]，但是属于不可控指标，故而只能提出相应预防和应对措施，无法提高指标得分，因此不算入未达标指标。

安全技术人员配备率、海上求生技能掌握率、海岛作业场所合格率、海岛安全通道合格率、海岛环境淡水资源供给率、应急预案完善性、避雷装置覆盖率、后勤保障船舶8个指标得分权重低于专家预期权重，未达到满意的效果 [117]。

第 4 章

海岛工程爆破安全监控系统设计研究

安全监控系统是利用传感器技术、通信技术和电子信息技术等将系统内各监控对象的监控数据，运用数据传输网络，把数据采集到中心服务站储存和处理，最终保证系统安全运行的一套装置。可靠性就是在一定的时间内既能够保证系统保持原来的功能，又能及时准确地监控目标状态的性能。随着各行各业对安全越来越重视，安全监控系统在工程爆破之类对安全性要求很高的行业有着广泛的应用。针对安全监控对工程爆破的重要性，在本章中通过模糊综合评价方法对海岛工程爆破安全监控系统的可靠性和安全性进行分析，得出各个影响因素对安全监控系统的重要程度。

4.1 海岛工程爆破安全监控系统总体设计

4.1.1 监控系统特性

工程爆破的监控系统是一个有效预防爆破灾害事故的系统。该系统采用的是现今先进的传感器技术、通信技术和远程控制技术，能够远程地对爆破现场的各个环境参数以及爆破有害效应进行检测，同时能够判断各机电设备的运行状况；一旦遇到紧急状况（如机电设备停运、爆破震动较大等突发事件），能够及时采取措施，防止事故发生。

海岛工程爆破的监控系统远比其他监控系统复杂得多。首先，因为工程爆破是一种危险性高的、涉及爆炸物品的特种行业，爆破工程是利用炸药爆炸时产生的巨大的能量来破坏介质，存在的危险和有害因素较多；其次，海岛环境特殊，降雨量大、台风多以及空气湿度大等对工程爆破装置造成极大的破坏，导致安全隐患的发生，因此海岛工程爆破的监测对象多。在爆破作业时必须实时监控，一旦发生状况，还需要及时报警，因此要求监控系统必须做到可靠、耐用、实时、精确[118-120]。

1. 可靠性

由于海岛工程爆破的危险性较大，一旦监测设备自身出现故障，那么发生事故的可能性则会大大增加，因此我们必须选择较为可靠的设备来建立安全监控系统。

2. 耐用性

在选择传感器、电线等设备时，应考虑其耐用性。爆破作业时将产生巨大的震动和冲击波，还会带有飞石，这对监控设备的正常使用具有破坏作用。一旦监控设备被损坏，不仅安全得不到保障，而且同时也会对企业造成更大的经济损失，因此安全监控设备一定要耐用。

3. 精确性

对于人员和有害因素的监测必须要精确，因此需要研发新型的传感器来满足爆破监测的要求。

4. 先进性

监控系统不仅要安全、耐用，我们还应当利用当前先进的科学技术成果，将国内外先进的技术相结合，更新系统的硬件和软件，这样不仅满足爆破安全的要求，而且也能够跟上科学技术发展的潮流，不会被快速淘汰。

5. 兼容性

当前安全监控系统最大的困扰就是没有统一设备规格，以致每套监控系统商家采用的硬件都不一样，因而经常出现设备维修困难的问题，即使更换新的设备，也可能发生软件和硬件都不能兼容的情况。因此，我们在购买时应使用同一家企业生产的设备，以便此后优化升级。同时也希望国家对此出台政策，使监控系统生产标准化，这样就能使设备的维护更加方便。

4.1.2　监控系统功能与目标

建立工程爆破监控系统后，可通过互联网对爆破现场采集的安全监测信息进行处理，并统一存储于企业的数据库中。当监控中心站、各分站需要监测信息时，可从数据库中调出实时的监测数据。同时，企业内部的用户也可以通过互联网查看监测数据。建造的监测监控系统需要具有较高的系统应用可靠性、耐用性，还需要具备当今科技的先进性、系统整体安全性，并具有良好的兼容性和扩充能力。

安全监控系统主要实现的功能有：

（1）可以对环境安全因素（如温度、湿度、降雨量、风力等）进行监控。

（2）可监控爆破的有害效应（如爆破震动、爆破冲击波等）。在安全警戒范围外设置传感器，传感器可与主控中心相连，只要主控中心发现指标超标时，会立即发出警报。

（3）当有人员出现在爆破危险区域时，自动终止爆破作业。

4.1.3 监控系统功能需求分析

1. 监控的对象

工程爆破属于特殊行业，事故发生的概率很高，安全生产面临很多风险，而且一旦发生事故将会是毁灭性的。工程爆破有着许多安全隐患和有害效应，因此爆破监控必须重视任何一个可能造成安全事故的元素。

本系统的监测范围主要包括：海岛环境安全监测信息（温度、湿度和风力）、主要工段工况监测信息、设备运行基本数据和电气保护等设备设施实时信息；通过有害效应监测装备监测爆破有害效应情况（爆破震动、爆破冲击波、烟尘和噪声等）得到的监测数据；通过视频监控和管理人员安全检查发现的人员出勤、工作状态和管理情况，以及炸药仓库的视频监控和管理的实时监测数据。

2. 系统需要解决的问题

(1) 信息的采集

环境安全监测信息、主要生产工况视频信息和有害效应监测数据都是由传感器或者监测仪器收集处理的，也就是采集系统。用户可能无法直接读取、识别、操作这些采集到的众多数据，需要监测数据处理系统对采集到的数据的格式等进行处理。

(2) 系统硬件

当前市面上存在的传感器、监测仪器等硬件多种多样，而且每个商家生产规格不同，其技术实力参差不齐，以致每个制造商的设备质量截然不同，也造成不同设备无法兼容的情况。因此，监控系统的硬件设备应统一和某个知名的厂商购买，以便日后对设备进行更新和升级改造。

4.1.4 监控系统架构

监控系统架构如图 4-1 所示，由现场监测点、分站、中心

服务站、终端等组成。

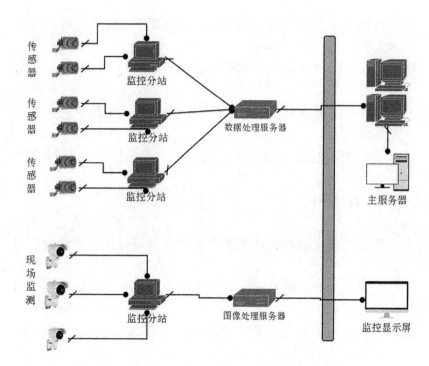

图 4-1 爆破工程监控系统整体网络拓扑图

1.现场监测点

主要通过设备（如传感器、视频监控设备等）对生产单元进

行现场监控。现场监测点通过网络与分站互联,主要任务是收集现场监控数据。

2. 分站

分站设置在现场,主要功能是采集数据和与计算机通信等。分站的主要任务是接收和存储现场监测点传入的监测数据,并进行后续的数据传输。

3. 中心服务站

本站的安全监控系统也依赖于运行在这里的主服务器,特别是主服务器与主视频监控服务器。在中心服务站对各监控点监控数据进行采集和存储,并通过安全监控系统进行计算。中心服务站的主要设备包括视频监控中心、数据计算中心、数据储备中心、通信指挥中心、信息报警发布中心等机构以及设备的主服务器和通信传输设备。

4. 终端

终端可以直接明了地显示系统运行状况，并通过信息网络传输到主服务器中。由于终端具有智能的信息识别功能，一旦发现监控对象、子系统或系统出现异常状况，终端会通过预设方案进行报警，同时督促管理人员进行隐患排查。

4.1.5　监控系统功能模块设计

工程爆破安全监控系统的功能主要是通过系统自带的各个功能模块来实现的。主要功能模块如图 4-2 所示。

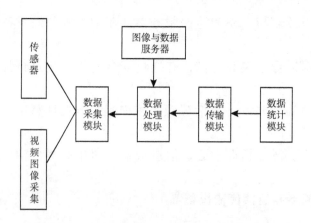

图 4-2　工程爆破安全监控系统功能模块

1. 数据采集模块

该模块主要是对温度、湿度的变化等数据进行监测，并能通过局域网对这些装置进行远程控制。

海岛工程爆破安全监控系统主要是对爆破生产系统的安全监测，包括监测现场环境参数，如风速、现场温度、湿度、烟雾、矿尘浓度及工作面的作业条件等现场物理状态的监测；运行工况参数信息，如爆破、运输等各系统的运行，馈电状态及相关设备的工作参数；人员和管理信息，如人员出勤、活动情况和现场管理情况。

监控系统数据采集模块的设备主要有：

(1) 传感器

传感器包括用于监测风速、温度、湿度、电压等安全信息的固定或手持的安全监测监控设备，以及对爆破震动、爆破冲击波等有害效应进行监测的设备。

（2）视频信息显示系统

该系统可以对一些重要岗位进行实时的监控，并可以从显示器中看到图像信息。通过显示器，管理人员能够及时了解这些岗位上工作人员的工作情况、在岗情况和精神状态，减少人为因素导致的安全事故，同时可以监测到爆破作业现场周围是否有无关人员和车辆进入，以避免不必要的伤害。

该模块主要包括一些环节的设计，需要对比较重要的对象，即人员、有害效应进行监测。

（3）数据采集器

数据采集器的主要作用是将采集到的信息通过数据采集器转变成电信号，并将信号沿线路传输到分站，此时分站会进行二次采集，然后将数据传输到服务器。系统采用生产单元、分站两级数据处理流程，在中心服务站中应用服务器对各类信息进行汇总、分析和处理。

数据采集模块最终实现的功能包括：

①参数采集。各种检测设备、传感器的视频图像采集和安

全参数的采集。

②参数显示。在监控显示器上显示出采集器采集到的各种数据参数。

③超限报警。当某个传感器检测到的参数超过规定浓度时，采集器会发出报警声音和光线，同时监控显示器会显示出报警的数据。

④数据传输。各个监控点能及时将采集器采集到的参数传输到分站进行处理。

2. 数据处理模块

工程爆破安全数据处理模块的主要功能是将采集的信息传输至主服务器进行处理。系统安全信息处理单元的主要功能如下：

（1）信息分类和分级：根据系统安全原理，按人、机、环、管和技术的原则分析收集到的信息并将其进行分类，然后根据信息的参数数值，按照信息安全级别的不同分级标准进行分级。

（2）信息的应对工作：一是由监管人员将信息的安全等级汇报至上级部门；二是上级部门接到隐患信息后，通知相关职能部门在最短的时间内消除安全隐患，并在消除后完成信息反馈。

（3）管理人员通过监控系统得到安全隐患处理完毕的信息之后，应立即对现场情况进行检查。

安全管理信息流程如图 4-3 所示。

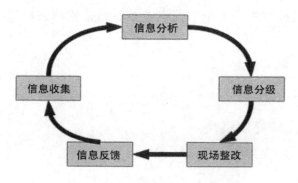

图 4-3　安全管理信息流程图

安全数据处理模块主要在服务器上运行，主要包括数据服务器和通信服务器。数据服务器有提供数据来源、查询、统计等功能；通信服务器有数据采集、分发和传输等功能。服务器对各种实时监测到的数据进行接收和处理，并提供数据访问接口，以方便数据查询。

3. 数据传输模块

数据传输模块的功能是通过网络等信息传输方式把爆破现场监控点、监控分站、监控中心服务站和终端联结起来，完成工程爆破安全监控系统网络组建。

4. 数据统计模块

数据统计模块不仅可以储存信息，也可以对储存信息进行实时的查询。

（1）实时信息查询

当用户需要查询时可以查询当前时间点的数据信息，并且能够生成统计报表。

（2）历史数据统计查询

用户可以查看储存在系统内的历史统计信息情况，包括环境监测因素和有害效应监测因素等数据在一段时间内的变化情况，以及超标、报警的次数和历史报警信息等。

4.2 监控系统安全性的评估方法

4.2.1 系统可靠性的评估方法

可靠性框图法是众多评估系统可靠性方法中较简单、较基本的方法之一。可靠性框图法主要由并联、串联两种结构组成[121-122]。

1.并联结构

并联结构表示的是某个系统中一个或多个组成单元的毁坏不会影响整个系统的运行，仅在所有组成单元都损坏时，整个系统才会瘫痪。并联结构如图 4-4 所示。

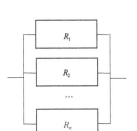

图 4-4　并联结构

并联结构的整体系统的可靠度由下述公式表示：

$$R_S(t) = 1 - [1 - R_1(t)] \times [1 - R_2(t)] \times \cdots \times [1 - R_n(t)] \quad (4\text{-}1)$$

式中：R_S 表示系统的可靠度；R_n 表示构成系统的各个单元的可靠度。

由上述公式可以看出，若系统属于并联结构，只要有一个单元能够正常运行，系统就可以继续运行下去，所以并联结构组成的系统的可靠度相对较高。

2. 串联结构

在串联结构中系统的组成单元就像是许多链环连接起来的，串联结构的任意单元发生故障时，都有可能导致整个系统毁坏，极大地增加了安全隐患，所以串联结构的可靠性低于其他结构。

串联结构如图 4-5 所示。

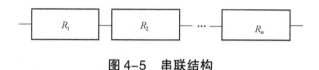

图 4-5　串联结构

串联结构的整体系统的可靠度由下述公式表达：

$$R_s(t) = R_1(t) \times R_2(t) \times \cdots \times R_n(t) \qquad (4\text{-}2)$$

由公式（4-2）可以看出，系统的可靠度是通过每个组成单元的可靠度的乘积来决定的，串联单元越多则系统可靠度越低，且系统的可靠度低于系统中可靠度最低的组成单元。

4.2.2　系统安全性的评估方法

在系统的安全性评价中，每一个影响因素都会对系统的安全运行造成干扰，有些影响因素是可以通过直接监测监控得到的，而大多数影响因素却不是明确和客观的，这些因素具有不可测量和不可计算的特点，即模糊性，所以需要利用模糊数学来对各个影响因素进行分析处理。在评价系统的整体安全性时，通常需要顾及多种因素对系统的影响，在此基础上进行综合评价。因此，在研究系统安全性时，为了使分析结果更加科学合理，提高研究的效率，将模糊数学和安全综合评价进行融合，得到模糊综合评价[123-125]。工程爆破安全监控系统安全评价是在评价过程中以保证系统安全为前提，综合考虑各种安全影响因素，并对工程爆破监控系统的安全性进行科学合理的分析，以便尽快地找到更合适的安全防护手段，防止和减少安全事故的发生。

以下是模糊综合评价方法的应用简介。

首先，建立评价因素集，由以下简单集合来表示：

$$U = \{u_1, u_2, u_3, \cdots, u_n\} \tag{4-3}$$

其次，建立评价结果集。评价结果集是专家对被评价对象做出的各种总评价结果的集合。在工程爆破监控系统中，它是由监控系统可靠程度构成的，由以下简单集合来表示：

$$V = \{v_1, v_2, v_3, \cdots, v_n\} \tag{4-4}$$

最后，对影响监控系统可靠性的因素进行权重计算，得出各个影响因素的权重值。

下面我们就工程爆破监控系统的可靠性进行详细的分析。

4.3 海岛工程爆破安全监控系统可靠性分析

由于工程爆破监控系统所涉及的软硬件设备的复杂性，在工程爆破监控系统运行过程中，整个系统的稳定性和可靠性时刻发生着改变，因此无法构建总体可靠性评价模型，并且由于影响因素的不确定性和模糊性，一般的数学方法是无法正确分析工程爆破监控系统可靠性的，在这种情况下，我们采用模糊数学综合评价方法来解决这个问题。

4.3.1 监控系统可靠性等级划分

根据工程爆破监控系统的特点，并结合工程爆破监控系统运行过程中出现故障所造成的事故的影响大小，将工程爆破监控系统可靠性水平划分为以下五个等级：非常可靠、很可靠、可靠、基本可靠、不可靠。

（1）非常可靠

在这种等级下，工程爆破监控系统基本上不会出现任何故障。

（2）很可靠

这种可靠性水平略低于非常可靠，但在一般情况下工程爆破监控在系统运行中仍不会出现问题。

（3）可靠

一般的系统的可靠性都处在这种水平。在这种可靠性水平的情况下，工程爆破监控系统在运行中很少出现故障，所以这种可靠性水平是可以接受的。

（4）基本可靠

这种可靠性水平已经处在临界点上了。虽然工程爆破监控系统还能够正常运行，但已经比较危险了，工作人员应及时检查系统状况并进行调试、修复，以消除危险因素，避免事故发生。

（5）不可靠

此种状态是非常不稳定的，系统随时都可能出现故障，工作人员应立即进行检查和修复，并采取必要的措施，否则随时都可能发生事故。

4.3.2 监控系统可靠性评估指标体系

工程爆破监控系统评价指标体系应符合客观性、逻辑性和科学性，在此基础上，尽量反映系统本身包含的所有可能影响系统安全的要素，同时在构建工程爆破监控系统可靠性指标时，指标的测量和制订要符合综合性、科学性和可比性。最后所建立的指标要具有可操作性，即这些指标的测量应尽量简单，以免耗费精力和时间。

为了准确预测安全因素对工程爆破监控系统运行的影响，根据对工程爆破监控系统的认真分析，最终得出了四个工程爆破监控系统可靠性综合评价指标，分别是监控系统设备的可靠性水平、管理人员的可靠性水平、系统管理的可靠性水平和外部环境的可靠性水平。

4.3.3　监控系统的可靠性评估

根据上述系统可靠性评价方法，对本工程爆破监控系统进行可靠性评价。通过严格的调查分析，得出本工程爆破监控系统是一个并联的评价结构，即工程爆破监控系统中的一些组成部分发生故障也不会对其他部分造成太大的影响，如温度报警系统出了故障，有害效应监测系统不会受到影响。因此，本工程爆破监测系统的可靠性较高。然后采用模糊综合评价法对工程爆破监控系统的可靠性进行评价。

1. 建立因素集

首先确定工程爆破监控系统的可靠性评价指标，具体公式如下：

$$U = \{u_1, u_2, u_3, \cdots, u_n\} \tag{4-5}$$

式中：u_1 代表监控系统设备的可靠性水平；u_2 代表管理人员的可

靠性水平；u_3 代表系统管理的可靠性水平；u_4 代表外部环境的可

靠性水平。

然后采用专家打分的方法对工程爆破监控系统各个因素的

重要程度进行打分，再通过公式 (4-7) 和公式 (4-8) 算出平均值。

2. 建立评价集

在工程爆破监测系统可靠性评价中，建立了工程爆破监测

系统可靠性评价集：

$$V = \{v_1, v_2, v_3, v_4, v_5\} \tag{4-6}$$

式中：v_1 表示非常可靠；v_2 表示很可靠；v_3 表示可靠；v_4 表示基本

可靠；v_5 表示不可靠。

3. 因素权重评估

由于工程爆破监控系统的可靠性会同时受到多种因素的

影响，而且各因素的影响程度不同，所以本书在这里选择因素

集来评价对可靠性的影响（暂时不适用评价集），由此算出各因

素的权重来评价其对安全监控系统的重要程度。作者邀请五位

与爆破安全相关的专家对各影响因素打分，运用以下两个公式

计算。

$$P_i = \frac{\sum_{j=1}^{5} P_{ij}}{5} \left(i=1,2,3,4,5\,;\ j=1,2,3,4,5\right) \tag{4-7}$$

式中：P_i 表示影响因素的平均得分值；P_{ij} 表示专家对影响因素的

评分。再根据公式（4-8）进行计算，从而得到每个因素相应的

权值。

$$w_i = \frac{P_i}{\sum_{i=1}^{5} P_i} \left(i=1,2,3,4,5\right) \tag{4-8}$$

式中：w_i 表示第 i 个因素的权重值。

各影响因素评分值如表 4-1 所示。

表 4-1　影响因素评分值

影响因素 专家编号	监控系统设备 的可靠性 w_1	管理人员的可 靠性 w_2	系统管理的可 靠性 w_3	外部环境的可 靠性 w_4
1	40	25	25	10
2	40	26	25	9

续　表

影响因素 专家编号	监控系统设备 的可靠性 w_1	管理人员的可 靠性 w_2	系统管理的可 靠性 w_3	外部环境的可 靠性 w_4
3	48	25	20	7
4	46	23	21	10
5	45	21	23	11

根据相应的计算我们得到权向量:

$$W=(w_1, w_2, w_3, w_4)=\{0.438, 0.24, 0.228, 0.094\}$$

由上述计算的结果可以得出在海岛工程爆破监控系统中各个影响因素的权重值,进而可以更加直接地看出在海岛工程爆破监控系统可靠性的评估中占据关键地位的影响因素是哪些。计算结果表明,监控系统设备的可靠性在整个工程爆破监控系统中所占的权重是最大的,说明监控系统设备可靠性水平在监控系统中是最重要的;其次是管理人员的可靠性和系统管理的可靠性所占的权重相近,说明这两个影响因素的重要程度差不多,而外部环境对监控系统可靠性的影响是最小的。

第 5 章
海岛工程爆破作业现场边坡稳定性预警
系统构建

5.1　事故树分析法对边坡稳定性的分析

5.1.1　构建边坡失稳的事故树

露天边坡失稳主要是由于在边坡监测中出现问题，且在未支护或者支护效果较差的情况下，工程爆破现场边坡损坏引起的崩塌、倾倒或滑坡。露天边坡的破坏主要涉及五个方面：地质构造、开采方式、边坡环境、边坡组成要素及坡顶堆积。因此，造成边坡破坏的直接原因是地质构造不清、开采方式不正确、环境恶化、边坡组成要素不合理、坡顶严重堆积。事故树以工程爆破作业现场露天边坡失稳为顶事件，首先确定边坡失稳的直接原因，然后逐步细分原因，直至找到基本事件，最后做出原因分析，如表 5-1 和事故树图 5-1 所示。

表 5-1 事故树的基本组成要素

名称	原因	名称	原因
T	边坡失稳	X_7	地表破坏严重
A_1	边坡监测	X_8	风化作用
A_2	边坡支护	X_9	雷雨天气
A_3	边坡破坏	X_{10}	水蚀作用
A_4	环境恶化	X_{11}	开采的顺序不合理
A_5	开采的方法不正确	X_{12}	底层挖掘
A_6	地质的构造不明确	X_{13}	应力集中区
A_7	爆破的方式不合理	X_{14}	不稳定的软岩夹层
A_8	边坡的构成要素不合理	X_{15}	断层、破碎带、裂缝的形成条件
X_1	工作人员擅离职守	X_{16}	爆破过于频繁
X_2	监测设备发生故障	X_{17}	设计的爆破方案不合理
X_3	现场未进行监测	X_{18}	爆破的炸药用量过大
X_4	现场边坡没有适当防护措施	X_{19}	坡高、坡长不科学
X_5	边坡支护结构脆弱	X_{20}	坡角过大
X_6	坡顶堆积严重	X_{21}	边坡临空

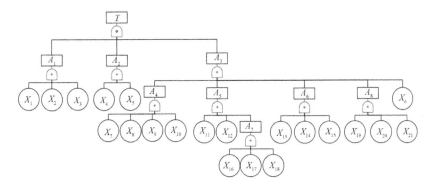

图 5-1　工程爆破作业现场边坡失稳事故树

5.1.2　边坡失稳事故树的定性分析

1. 事故树的结构式

$T=A_1A_2A_3=(X_1+X_2+X_3)(X_4+X_5)(A_4+A_5+A_6+X_6+A_8)=(X_1+X_2+X_3)$

$(X_4+X_5)[(X_7+X_8+X_9+X_{10})+(X_{11}+X_{12}+A_7)+(X_{13}+X_{14}+X_{15})+X_6+(X_{19}+X_{20}+$

$X_{21})]=(X_1+X_2+X_3)(X_4+X_5)[(X_7+X_8+X_9+X_{10})+(X_{11}+X_{12}+X_{16}+X_{17}+X_{18})+$

$(X_{13}+X_{14}+X_{15})+X_6+(X_{19}+X_{20}+X_{21})]$

2. 事故树的最小割集

根据布尔代数算法，计算出事故树的最小割集为 96。如表 5-2 所示。

表 5-2　事故树的最小割集

最小割集							
$\{X_1, X_4, X_{10}\}$	$\{X_1, X_4, X_{11}\}$	$\{X_1, X_4, X_{12}\}$	$\{X_1, X_4, X_{13}\}$	$\{X_1, X_4, X_{14}\}$	$\{X_1, X_4, X_{15}\}$	$\{X_1, X_4, X_{16}\}$	$\{X_1, X_4, X_{17}\}$
$\{X_1, X_4, X_{18}\}$	$\{X_1, X_4, X_{19}\}$	$\{X_1, X_4, X_{20}\}$	$\{X_1, X_4, X_{21}\}$	$\{X_1, X_4, X_6\}$	$\{X_1, X_4, X_7\}$	$\{X_1, X_4, X_8\}$	$\{X_1, X_4, X_9\}$
$\{X_1, X_5, X_{10}\}$	$\{X_1, X_5, X_{11}\}$	$\{X_1, X_5, X_{12}\}$	$\{X_1, X_5, X_{13}\}$	$\{X_1, X_5, X_{14}\}$	$\{X_1, X_5, X_{15}\}$	$\{X_1, X_5, X_{16}\}$	$\{X_1, X_5, X_{17}\}$
$\{X_1, X_5, X_{18}\}$	$\{X_1, X_5, X_{19}\}$	$\{X_1, X_5, X_{20}\}$	$\{X_1, X_5, X_{21}\}$	$\{X_1, X_5, X_6\}$	$\{X_1, X_5, X_7\}$	$\{X_1, X_5, X_8\}$	$\{X_1, X_5, X_9\}$
$\{X_2, X_4, X_{10}\}$	$\{X_2, X_4, X_{11}\}$	$\{X_2, X_4, X_{12}\}$	$\{X_2, X_4, X_{13}\}$	$\{X_2, X_4, X_{14}\}$	$\{X_2, X_4, X_{15}\}$	$\{X_2, X_4, X_{16}\}$	$\{X_2, X_4, X_{17}\}$

最小割集							
$\{X_2, X_4, X_{18}\}$	$\{X_2, X_4, X_{19}\}$	$\{X_2, X_4, X_{20}\}$	$\{X_2, X_4, X_{21}\}$	$\{X_2, X_4, X_6\}$	$\{X_2, X_4, X_7\}$	$\{X_2, X_4, X_8\}$	$\{X_2, X_4, X_9\}$
$\{X_2, X_5, X_{10}\}$	$\{X_2, X_5, X_{11}\}$	$\{X_2, X_5, X_{12}\}$	$\{X_2, X_5, X_{13}\}$	$\{X_2, X_5, X_{14}\}$	$\{X_2, X_5, X_{15}\}$	$\{X_2, X_5, X_{16}\}$	$\{X_2, X_5, X_{17}\}$
$\{X_2, X_5, X_{18}\}$	$\{X_2, X_5, X_{19}\}$	$\{X_2, X_5, X_{20}\}$	$\{X_2, X_5, X_{21}\}$	$\{X_2, X_5, X_6\}$	$\{X_2, X_5, X_7\}$	$\{X_2, X_5, X_8\}$	$\{X_2, X_5, X_9\}$
$\{X_3, X_4, X_{10}\}$	$\{X_3, X_4, X_{11}\}$	$\{X_3, X_4, X_{12}\}$	$\{X_3, X_4, X_{13}\}$	$\{X_3, X_4, X_{14}\}$	$\{X_3, X_4, X_{15}\}$	$\{X_3, X_4, X_{16}\}$	$\{X_3, X_4, X_{17}\}$
$\{X_3, X_4, X_{18}\}$	$\{X_3, X_4, X_{19}\}$	$\{X_3, X_4, X_{20}\}$	$\{X_3, X_4, X_{21}\}$	$\{X_3, X_4, X_6\}$	$\{X_3, X_4, X_7\}$	$\{X_3, X_4, X_8\}$	$\{X_3, X_4, X_9\}$
$\{X_3, X_5, X_{10}\}$	$\{X_3, X_5, X_{11}\}$	$\{X_3, X_5, X_{12}\}$	$\{X_3, X_5, X_{13}\}$	$\{X_3, X_5, X_{14}\}$	$\{X_3, X_5, X_{15}\}$	$\{X_3, X_5, X_{16}\}$	$\{X_3, X_5, X_{17}\}$
$\{X_3, X_5, X_{18}\}$	$\{X_3, X_5, X_{19}\}$	$\{X_3, X_5, X_{20}\}$	$\{X_3, X_5, X_{21}\}$	$\{X_3, X_5, X_6\}$	$\{X_3, X_5, X_7\}$	$\{X_3, X_5, X_8\}$	$\{X_3, X_5, X_9\}$

3. 事故树的最小径集

最小割集和最小径集的对偶性通常用于求解事故树的最小径集，即成功树的最小割集。上文构建的工程爆破作业现场边坡失稳事故树的最小径集如表 5-3 所示。

表 5-3　事故树的最小径集

集合			内容
最小径集	$\{X_1, X_2, X_3\}$	$\{X_4, X_5\}$	$\{X_6, X_7, X_8, X_9, X_{10}, X_{11}, X_{12}, X_{13}, X_{14},$ $X_{15}, X_{16}, X_{17}, X_{18}, X_{19}, X_{20}, X_{21}\}$

4. 事故树的结构重要度

根据计算结构重要度的计算公式，每个基本事件的结构重要度系数计算结果如下：

$$I_\varphi\left(1\right)=I_\varphi\left(2\right)=I_\varphi\left(3\right)=\frac{1}{96}\times\frac{1}{3}\times32=\frac{1}{9}\ ;$$

$$I_\varphi\left(4\right)=I_\varphi\left(5\right)=\frac{1}{96}\times\frac{1}{3}\times48=\frac{1}{6}\ ;$$

$$I_\varphi\left(6\right)=I_\varphi\left(7\right)=I_\varphi\left(8\right)=I_\varphi\left(9\right)=I_\varphi\left(10\right)=I_\varphi\left(11\right)=I_\varphi\left(12\right)=I_\varphi\left(13\right)$$

$$=I_\varphi\left(14\right)=I_\varphi\left(15\right)=I_\varphi\left(16\right)=I_\varphi\left(17\right)=I_\varphi\left(18\right)=I_\varphi\left(19\right)=I_\varphi$$

$(20) = I_\varphi (21) = \dfrac{1}{96} \times \dfrac{1}{3} \times 6 = \dfrac{1}{48}$。

从上面计算的结构重要度系数可以得到每个基本事件结构的重要度顺序,具体的排序情况如下:

$$I_\varphi (4) = I_\varphi (5) > I_\varphi (1) = I_\varphi (2) = I_\varphi (3) > I_\varphi (6) = I_\varphi (7) = I_\varphi (8)$$

$$= I_\varphi (9) = I_\varphi (10) = I_\varphi (11) = I_\varphi (12) = I_\varphi (13) = I_\varphi (14) = I_\varphi (15) = I_\varphi (16)$$

$$= I_\varphi (17) = I_\varphi (18) = I_\varphi (19) = I_\varphi (20) = I_\varphi (21)$$

5. 结果分析

(1)在上面构建的事故树中,有 21 个基本事件可能导致边坡不稳定,这是预防安全生产故障的关键目标。

(2)事故树的最小割集代表系统的危险性。一个事故树的最小割集越多,系统越危险;反之则反。根据上述计算和分析,边坡失稳事故树有 96 个最小割集。因此,可以得出现场易发生边坡事故的结论。

(3)事故树的最小径集表示系统的安全性。由表 5-3 可以得出该事故树的最小径集有 3 个,即边坡不发生失稳事故的条件是 3 个最小径集中任意一个不发生。

（4）基本事件对顶事件影响的大小称为基本事件的重要度。根据上面各个基本事件结构重要度的排序情况可以得到，边坡支护的结构重要度最大，即对边坡失稳的影响程度最大；其次是边坡监测的结构重要度。因此，根据每个基本事件结构重要性的排序结果，可以直观地了解每个基本事件对边坡不稳定性的影响，从而制定合理有序的保护措施。

5.2　海岛工程爆破作业现场边坡监测预警指标搭建

5.2.1　边坡监测预警指标的确定

本书采用专家调查法，并根据海岛工程爆破作业现场边坡安全事故分析和边坡监测预警指标体系的建设原则，可以得到五个工程爆破边坡监测预警的一级指标：边坡几何特征、边坡岩体结构、水的影响、支护加固设施、边坡破坏模式[126]。

1. 边坡几何特征

通过现场边坡调研，坡面的几何特征因素可以细分为坡高、坡度和坡顶堆积三个次要指标。具体的坡段几何特征的分类如表 5-4 所示。

表 5-4　边坡几何特征指标

一级指标	二级指标	分类
边坡几何特征 A	坡高 (H) A_1	$0\,\text{m} < H \leqslant 20\,\text{m}$
		$20\,\text{m} < H \leqslant 30\,\text{m}$
		$30\,\text{m} < H \leqslant 40\,\text{m}$
		$40\,\text{m} < H \leqslant 50\,\text{m}$
		$H > 50\,\text{m}$
	坡度 (θ) A_2	$\theta \leqslant 30°$
		$30° < \theta \leqslant 45°$
		$45° < \theta \leqslant 60°$
		$60° < \theta \leqslant 70°$
		$\theta > 70°$
	坡顶堆积 A_3	地表建筑物
		地下埋藏物
		无坡顶堆积

2. 边坡岩体结构和边坡破坏模式

通过查阅大量的资料及实地调研所获得的工程爆破项目书的资料，可以确定边坡岩体结构和边坡破坏模式是影响工程爆破作业现场边坡稳定性的两个一级指标。其中，边坡岩体结构还可细分为三个次要指标：基岩风化特征、坡体结构和结构面特征；边坡破坏模式可细分为四个次要指标：崩塌脱落、倾倒破坏、平面破坏和楔形破坏，具体分类如表 5-5 所示。

表 5-5　边坡破坏模式指标

一级指标	二级指标	分级
边坡破坏模式 E	崩塌脱落 E_1	内倾结构面，破坏模式仅限于单独的悬空岩块或者小于 5 m^3 的孤立松散块的脱落
	倾倒破坏 E_2	主要的结构面外倾且倾角大于坡角，与其垂直的结构面切割产生的块体可能从边坡上倾倒破坏

续　表

一级指标	二级指标	分级
边坡破坏模式 E	平面破坏 E_3	主要的结构面走向、倾角与坡面基本一致，倾角小于坡角且 $10° \leqslant$ 倾角 $\leqslant 20°$；主要的结构面走向、倾角与坡面基本一致，倾角小于坡角且 $21° \leqslant$ 倾角 $\leqslant 45°$；主要的结构面走向、倾角与坡面基本一致，倾角小于坡角且倾角大于 $45°$
	楔形破坏 E_4	两组主要的结构面的交线倾向坡面，倾角小于坡角且 $10° \leqslant$ 倾角 $\leqslant 20°$；两组主要的结构面的交线倾向坡面，倾角小于坡角且 $21° \leqslant$ 倾角 $\leqslant 45°$；两组主要的结构面的交线倾向坡面，倾角小于坡角且倾角大于 $45°$

3. 水的影响

通过查阅舟山市岱山县大小鱼山岛促淤围涂工程二期成陆工程项目书的相关资料、相关文献，并进行现场实地调查，水的影响指标可以细化为三个次要指标：降雨量、地表水和地下水。

4. 支护加固设施

通过现场边坡调查，将支护加固设施的指标分为抗滑桩和

桩板墙、锚杆和锚索框架两个次级指标。根据场地边坡的实际

情况，支护和加固设施的分类如表 5-6 所示。

表 5-6　支护加固设施指标

一级指标	二级指标	分级
支护加固设施 D	抗滑桩和桩板墙 D_1	结构完好，桩顶位移小于限值；结构基本完好，桩身有风化、麻面、细小裂缝等现象，桩顶位移小于限值，挡土板局部破损，充填密实；结构局部完好，桩身有风化剥落、露筋锈蚀、裂缝较宽等现象，桩顶位移超限值，挡土板局部开裂，充填不密实；桩结构重点部位出现全断面开裂、部分钢筋屈服或断裂、混凝土压碎等，挡土板失效
	锚杆和锚索框架 D_2	结构完好，框架梁出现细小裂纹，缝宽小于限值；结构基本完好，框架表面有风化、麻面、短细裂缝，缝宽小于限值，框架内局部塌陷；结构局部完好，框架表面有各种缺损，有风化剥落、露筋锈蚀、框架弯曲等现象，框架内局部凹陷，缝宽达到限值；大部分框架表面有各种缺损，重点部位出现全断面开裂、框架弯曲悬空、缝宽超限值、锚头混凝土有压碎开裂等现象

根据上面的阐述，本书所构建的工程爆破边坡监测预警指

标体系如图 5-2 所示。

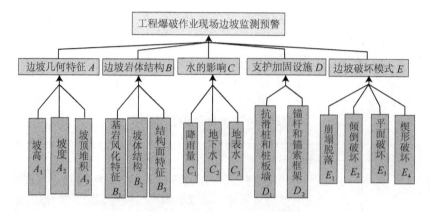

图 5-2　工程爆破边坡监测预警指标体系

5.2.2　基于 Yaahp 软件边坡预警指标权重计算

本书选取舟山绿色石化基地二期矿山开采爆破工程作为研究对象，运用 Yaahp 软件构建了工程爆破作业现场边坡监测预警指标体系，计算得出所涉及的各个预警指标的权重值。

1. 一级预警指标的对比矩阵（表 5-7）和权重比例

对"工程爆破作业现场边坡监测预警"的权重值：1.0000；λ_{max}=5.3493；一致性比例：0.0780。

表 5-7　一级预警指标的对比矩阵

工程爆破作业现场边坡监测预警	边坡几何特征 A	边坡岩体结构 B	水的影响 C	支护加固设施 D	边坡破坏模式 E	w_i
边坡几何特征 A	1.0000	3.0000	0.3333	2.0000	1.0000	0.2117
边坡岩体结构 B	0.3333	1.0000	0.5000	0.5000	1.0000	0.1140
水的影响 C	3.0000	2.0000	1.0000	3.0000	2.0000	0.3652
支护加固设施 D	0.5000	2.0000	0.3333	1.0000	2.0000	0.1723
边坡破坏模式 E	1.0000	1.0000	0.5000	0.5000	1.0000	0.1369

2. 边坡几何特征指标的对比矩阵（表 5-8）和权重比例

对"工程爆破作业现场边坡监测预警"的权重值：0.2117；

$\lambda_{max}=3.0538$；一致性比例：0.0517。

表 5-8　边坡几何特征指标的对比矩阵

边坡几何特征 A	坡高 A_1	坡度 A_2	坡顶堆积 A_3	w_i
坡高 A_1	1.0000	0.5000	3.0000	0.3338
坡度 A_2	2.0000	1.0000	3.0000	0.5247
坡顶堆积 A_3	0.3333	0.3333	1.0000	0.1416

3. 边坡岩体结构指标的对比矩阵（表 5-9）和权重比

例

对"工程爆破作业现场边坡监测预警"的权重值：0.1140；

λ_{max}=3.0092；一致性比例：0.0089。

表 5-9　边坡岩体结构指标的对比矩阵

边坡岩体结构 B	基岩风化特征 B_1	坡体结构 B_2	结构面特征 B_3	w_i
基岩风化特征 B_1	1.0000	0.3333	0.5000	0.1638
坡体结构 B_2	3.0000	1.0000	2.0000	0.5390
结构面特征 B_3	2.0000	0.5000	1.0000	0.2973

4. 水的影响指标的对比矩阵（表 5-10）和权重比例

对"工程爆破作业现场边坡监测预警"的权重值：0.3652；λ_{max}=3.0037；一致性比例：0.0036。

表 5-10　水的影响指标的对比矩阵

水的影响 C	降雨量 C_1	地下水 C_2	地表水 C_3	w_i
降雨量 C_1	1.0000	0.5000	3.0000	0.3092
地下水 C_2	2.0000	1.0000	5.0000	0.5813
地表水 C_3	0.3333	0.2000	1.0000	0.1096

5. 支护加固设施指标的对比矩阵（表 5-11）和权重比例

对"工程爆破作业现场边坡监测预警"的权重值：0.1723；λ_{max}=2.0000；一致性比例：0.0000。

表 5-11　支护加固设施指标的对比矩阵

支护加固设施 D	抗滑桩和桩板墙 D_1	锚杆和锚索框架 D_2	w_i
抗滑桩和桩板墙 D_1	1.0000	3.0000	0.7500
锚杆和锚索框架 D_2	0.3333	1.0000	0.2500

6.边坡破坏模式指标的对比矩阵(表5-12)和权重比例

对"工程爆破作业现场边坡监测预警"的权重值: 0.1369; λ_{max}=4.0819; 一致性比例: 0.0307。

表 5-12　边坡破坏模式指标的对比矩阵

边坡破坏模式 E	崩塌脱落 E_1	倾倒破坏 E_2	平面破坏 E_3	楔形破坏 E_4	w_i
崩塌脱落 E_1	1.0000	1.0000	3.0000	3.0000	0.3862
倾倒破坏 E_2	1.0000	1.0000	2.0000	2.0000	0.3165
平面破坏 E_3	0.3333	0.5000	1.0000	0.5000	0.1234
楔形破坏 E_4	0.3333	0.5000	2.0000	1.0000	0.1739

7.工程爆破作业现场边坡监测预警指标权重总分布

工程爆破作业现场边坡监测预警指标权重总分布如图 5-3 所示。

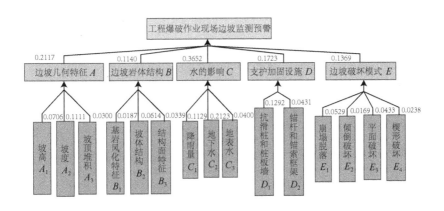

图 5-3　工程爆破作业现场边坡监测预警指标权重总分布

5.3　海岛工程爆破边坡监测预警系统设计

1.边坡监测系统的结构设计

根据工程爆破作业现场岩质边坡的特点以及矿山工程地质

资料，采用有限元方法确定作业现场边坡的潜在滑动面，从而确定作业现场边坡的监测断面并布置传感器。对工程爆破作业现场边坡在开采过程中的水平位移进行监测，并对现场边坡的稳定状态进行实时监测。

本书结合计算机技术、传感器技术以及边坡变形监测理论，对工程爆破作业现场边坡监测系统的总体架构进行了设计研究。基于 SQL Server 数据库，结合 B/S 架构、C/S 架构以及工程爆破作业现场边坡破坏机理和变形特征，构建了边坡变形特征类型数据库，便于后续监测数据处理工作。

监测系统选用母线结构，主缆一根，支缆多根。边坡监测系统平均一小时向埋在边坡内部的传感器发布一次数据采集指令。传感器收集数据后，通过分支电缆将采集的数据传输到监控分站，再由监控分站通过总线电缆将其传输到自动采集箱，最后由无线发射装置通过 GSM 无线网络将整理好的监测数据发送到各个服务器和监控主机。边坡监测系统的结构组成示意图如图 5-4 所示。

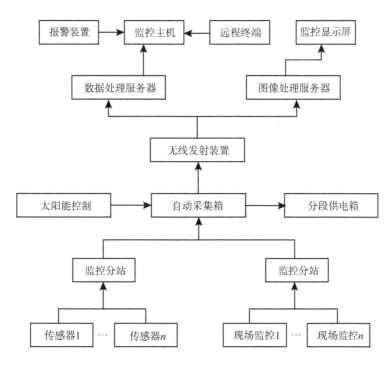

图5-4 边坡监测系统组成示意图

整个监控系统所涉及的部分设备有传感器、分段电源箱、自动采集箱、中继器、服务器等。

（1）传感器

HAD-CX96智能数字显示滑动测斜仪是一种带有进口敏感元件的测斜仪。它具有精度高、稳定性好和分辨率高等特点。观察和测量与倾斜相关的垂直（或水平）倾斜度，并以此方式测量由土壤运动引起的倾斜度的任何变化是它的工作原理。

（2）分段电源箱

为了确保稳定的电力，系统配备了分段电源箱，通过太阳能电池板为数据采集箱提供所需的电能。分段电源箱由自动采集箱控制。当自动采集箱向传感器发布数据采集指令时，分段电源箱为系统供电；当传感器完成数据采集指令时，分段电源箱停止向系统供电，减小了系统功率，避免系统过度损耗而瘫痪。

（3）自动采集箱

数据采集箱、无线发射器、太阳能电池和太阳能控制器共同组成了自动采集箱（见图5-5）。数据采集箱将采集指令在系统设定的时间点发布给传感器，传感器响应该命令来完成自动和实时数据采集。无线发射器采用GSM无线网络，数据收集到自动采集箱后，通过无线网络发送到监控主机，完成数据的实时显示。该系统由太阳能电池供电，太阳能电池将太阳能转换为电能以确保边坡监测系统正常运行。

（4）中继器

由于大范围地布置现场传感器和长距离的数据传输，为了使边坡监测系统的电压维持稳定，需要在边坡现场监控点和自动采集箱中安装中继器，以确保监控系统的正常运行。

图 5-5　自动采集箱

（5）服务器

在硬件部分，该系统使用 HP 的 HP Pro Liant G5 机架式服务器，这种服务器具有高稳定性和高可靠性的优点。为了更大地提升作业现场边坡监测系统的可靠性，边坡监测系统选取了 RAID5 技术服务于系统的硬盘部分。

2. 监测系统的功能模块

工程爆破作业现场边坡监测系统选取了数据采集模块、边坡变形显示模块、信息查询模块、数据管理模块和预警预测模块来设计该监控系统的功能模块部分。这五个模块实现各自的

功能，互不影响却又共同服务于边坡监测系统。系统功能模块

的设计如图5-6所示。

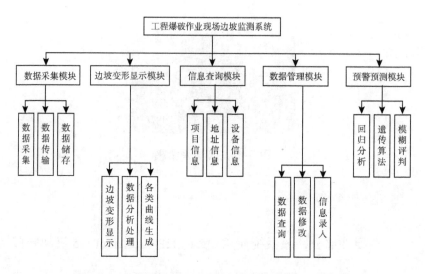

图5-6　工程爆破作业现场边坡监测系统功能图

（1）数据采集模块

系统通过自动采集箱自动收集数据。无人值守时，自动采

集箱将数据采集命令发送到在自动采集时间点嵌入斜率的倾斜

仪。传感器响应命令并在自己的数据服务器上存储监控数据。

数据采集完成后，总线电源将关闭，剩余的大量电能将存储在

蓄电池上。这不仅可以节省电力，还可以提高仪器的安全性。

监测数据由无线发射装置通过GSM无线网络发送到监控主机，

然后监控主机再通过互联网将数据共享给远程终端。该监测系统选取传输稳定、组网方便的无线设备,保证数据传输的稳定性。监控中心通过分析监测数据信息实现对作业现场边坡的实时监控。数据采集模块工作流程图如图 5-7 所示。

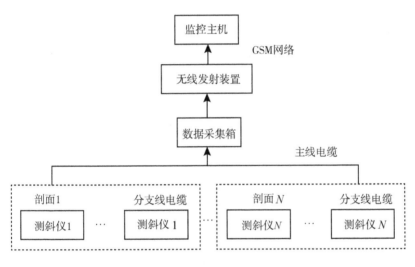

图 5-7 数据采集模块工作流程图

(2)边坡变形显示模块

根据监测数据,该模块可以分析边坡的单点沉降、坡度和坡高。监测数据信息以 Excel 格式生成并存储在监控系统数据库中,结合传感器采集的实时数据,绘制各种图表,实时显示边坡变形情况。在对历史资料进行智能分析的基础上,给出了某一时期边坡变形的发展趋势。控制中心通过数据分析设置报警阈值，当边坡累计位移超过报警阈值时，系统自动报警。数据处理过程如图 5-8 所示。

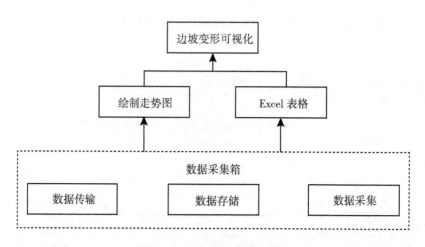

图 5-8　数据处理流程图

（3）信息查询模块

在信息查询模块中可以随时查看与工程爆破作业相关的基本资料、作业现场边坡的地形地质条件、传感器设备的性能和参数等。根据作业现场边坡监测点和测斜仪的布局信息，还可以通过信息查询模块查询早期的监测数据信息。

（4）数据管理模块

数据管理模块包括数据的存储方法、数据的导入导出及数据的存取等。操作人员可以查询、删除和修改监测数据信息，并通过对模块录入的不同时期的监测数据信息做对比进行研究分析，从而得到不同时期边坡内部位移的实际变化情况和大致的变化规律。

（5）预警预测模块

预警预测模块通过对数据采集模块采集到的监测数据信息做对比进行预测分析，给出一段时期内边坡内部位移的变化情况，然后监管人员通过数值模拟等其他监测数据的处理方法对预警预测模块给出的位移数值变化情况做分析研究，及早地发现边坡内部存在的安全隐患，便于作业人员及时采取预防措施。该模块还有预警功能，用户可以根据工程项目需要设置合理的预警阈值，当边坡的累积位移超过警告阈值时，系统就会自动报警。

5.4 基于 LabVIEW 的工程爆破作业现场边坡监测系统构建

LabVIEW 是实验室虚拟仪器集成环境的简称。LabVIEW 程序包括前面板(用户界面)和程序框图(编程界面)。程序框图提供 VI 的图形源程序,VI 在程序框图中编程,用于控制和操作定义在前面板上的输入和输出功能。程序框图包括前面板上的控件的连线端子、函数、结构和连线等。

监控系统软件采用 LabVIEW 语言编写,主要设计了用户登录的主界面、边坡结构监控子系统的测试界面和边坡位移监控子系统的测试界面。

1. 用户登录的主界面设计

工作人员操作运行工程爆破边坡监测系统软件后，会跳出用户登录界面，如图 5-9 所示。监管人员通过输入正确的账号和密码[127]，然后点击"进入系统"进入系统主界面。进入系统主界面后，可以看到子系统选择界面上有六个按键，即边坡结构监控子系统按钮、边坡位移子系统按钮、有害效应子系统按钮、人员监控子系统按钮、环境参数监控子系统按钮和一个停止按钮。单击停止按钮，整个子系统选择界面就会关闭。系统的子系统选择界面如图 5-10 所示。

图 5-9　模拟系统用户登录界面

图 5-10　模拟系统的子系统选择界面

2. 边坡结构监控系统的子系统设计

（1）边坡结构监控子系统（图 5-11、图 5-12）

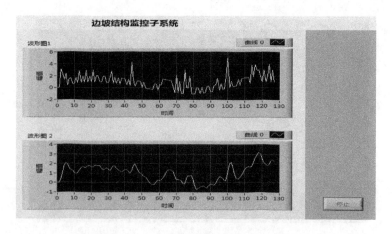

图 5-11　边坡结构监控子系统测试界面

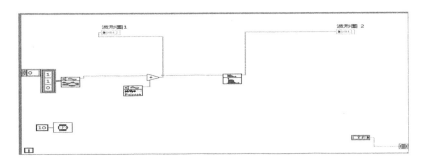

图 5-12　边坡结构监控子系统程序框图

（2）边坡位移监控子系统

边坡位移监控子系统主要对工程爆破作业现场边坡内部位移进行监测。由于边坡失稳是非常危险的，一旦发生事故，伤亡严重，救援工作难以完成，因此非常有必要进行工程爆破作业现场边坡监测。以下以边坡内部位移监控为例，通过 A/D 转换器将数据采集模块采集到的位移数据转化为波形图显示，以便实时观测作业现场边坡内部位移变化的实际情况（见图 5-13、图 5-14）。

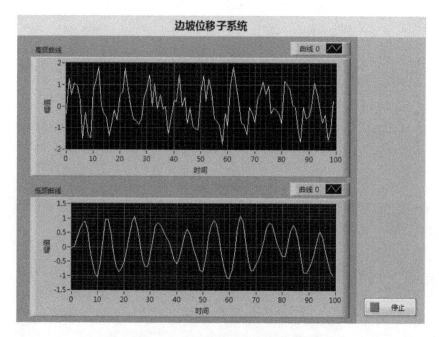

图 5-13 边坡位移监控子系统测试界面

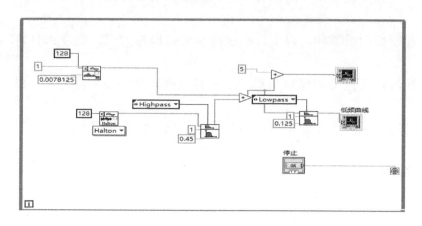

图 5-14 边坡位移监控子系统程序框图

第 6 章

作业现场人员监控预警系统研究

6.1　海岛工程爆破作业系统风险辨识与安全评价

6.1.1　海岛工程爆破人员伤亡事故树的建立

事故树分析法是采用演绎方法来推理分析事故的因果关系，可以比较全面地描述、分析引起事故的直接原因、潜在原因和本质原因及其逻辑关系，能比较详细地查明和分析系统内的多种安全隐患，为企业采取安全对策措施和管理方案措施提供依据。在海岛工程爆破的风险评价过程中，针对海岛工程爆破人员伤亡事故，运用事故树分析法对其进行定量与定性的分析。以"海岛工程爆破人员伤亡事故"为顶事件，自上而下进行分析，进而找出与顶事件发生相关的基本事件。海岛工程爆破人员伤亡事故树代码及其含义如表 6-1 所示，事故树图如图 6-1 所示。

表6-1 海岛工程爆破人员伤亡事故树代码及其含义

代码	代码含义	代码	代码含义
T	海岛工程爆破人员伤亡事故	X_5	填塞不到位
M_1	爆破有害效应事故	X_6	网络连接不合理
M_2	非正常起爆事故	X_7	装药结构设计不合理
M_3	爆破震动事故	X_8	减震空孔设计不当
M_4	爆破飞石事故	X_9	建筑物抗震能力差
M_5	早爆	X_{10}	建筑物离爆区过近
M_6	迟爆	X_{11}	无放炮信号或放炮信号不清
M_7	爆破施工设计不合理	X_{12}	工作人员未按规定避炮
M_8	爆破施工存在问题	X_{13}	没有设置安全警戒线
M_9	减震措施不当	X_{14}	未严格按设计施工
M_{10}	建筑物自身原因	X_{15}	静电
M_{11}	警戒区内飞石伤人事故	X_{16}	爆区雷击
M_{12}	警戒区外飞石伤人事故	X_{17}	爆区辐射
M_{13}	外来杂电引起早爆	X_{18}	装药时撞击炸药
M_{14}	装药填充引起早爆	X_{19}	装药时撞击雷管
M_{15}	爆破设计方案存在问题	X_{20}	边打眼边装药
M_{16}	爆破参数选取不当	X_{21}	起爆材料质量问题
C_1	审核有误	X_{22}	起爆网络设计不合理
C_2	监管不严	X_{23}	炸药质量问题
C_3	电流达到起爆值	X_{24}	爆破方案审核不严

续　表

代码	代码含义	代码	代码含义
X_1	网孔参数设计不合理	X_{25}	最小抵抗线过短
X_2	装药量设计不合理	X_{26}	堵塞长度过短
X_3	起爆网络设计不当	X_{27}	装药过量
X_4	装药量不合理	X_{28}	安全距离计算不足

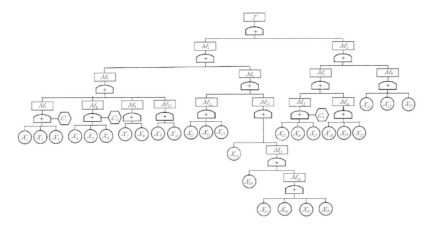

图 6-1　海岛工程爆破人员伤亡事故树图

6.1.2　事故树的定性分析

1.最小割集的计算

依据布尔代数化简：

$$T = M_1 + M_2 = M_3 + M_4 + M_5 + M_6 = M_7 + M_8 + M_9 + M_{10} + M_{11} + M_{12} +$$

$$M_{13} + M_{14} + X_{21} + X_{22} + X_{23} = C_1(X_1 + X_2 + X_3) + C_2(X_4 + X_5 + X_6) + X_7 + X_8 + X_9 X_{10}$$

$$+ X_{11} + X_{12} + X_{13} + X_{14} + M_{15} + C_3(X_{15} + X_{16} + X_{17}) + X_{18} + X_{19} + X_{20} + X_{21} + X_{22} + X_{23}$$

$$= X_1 C_1 + X_2 C_1 + X_3 C_1 + X_4 C_2 + X_5 C_2 + X_6 C_2 + X_7 + X_8 + X_9 X_{10} + X_{11} + X_{12} +$$

$$X_{13} + X_{14} + X_{15} C_3 + X_{16} C_3 + X_{17} C_3 + X_{18} + X_{19} + X_{20} + X_{21} + X_{22} + X_{23} + X_{24}$$

$$X_{25} + X_{24} X_{26} + X_{24} X_{27} + X_{24} X_{28}$$

式中：T 为顶事件；$M_1 \sim M_{16}$ 为中间事件；X_i 为基本事件（$i=1 \sim 28$）。

求得海岛工程爆破人员伤亡事故的最小割集为：$\{X_1, C_1\}$，$\{C_3, X_{15}\}$，$\{X_{11}\}$，$\{X_{21}\}$，$\{C_2, X_4\}$，$\{X_7\}$，$\{X_9, X_{10}\}$，$\{X_{14}\}$，$\{X_{18}\}$，$\{C_1, X_2\}$，$\{C_1, X_3\}$，$\{C_2, X_5\}$，$\{C_2, X_6\}$，$\{X_8\}$，$\{X_{12}\}$，$\{X_{13}\}$，$\{X_{24}, X_{25}\}$，$\{C_3, X_{16}\}$，$\{C_3, X_{17}\}$，$\{X_{19}\}$，$\{X_{20}\}$，$\{X_{22}\}$，$\{X_{23}\}$，$\{X_{24}, X_{26}\}$，$\{X_{24}, X_{27}\}$，$\{X_{24}, X_{28}\}$。结果表明，海岛工程爆破人员伤亡事故树有 12 个一阶最小割集和 14 个二阶最小割集。割集直接影响着作业系统的安全性和稳定性，是系统中最薄弱的环节[128]。如果一个基本因素在割集中反复出现，那么可以说明其重要结构度也相对较大[129]。

2. 最小径集的计算

径集通常被称为通集或路集[130]。顶事件发生与否是由事故树中的某些基本事件决定的，最小径集是这些基本事件最低限度的合集。利用原始树的对偶性是求解最小径集最有效的方法。把事故树中所有"与门"和"或门"相互交换，并利用摩根定律求各事件的对偶事件，这样可以把得到的树图称为成功树[131]。

利用上述方法可以得到海岛工程爆破人员伤亡事故的32个最小径集：$\{X_1, X_2, X_3, X_4, X_5, X_6, X_7, X_8, X_9, X_{11}, X_{12}, X_{13}, X_{14}, X_{15}, X_{16}, X_{17}, X_{18}, X_{19}, X_{20}, X_{21}, X_{22}, X_{23}, X_{24}\}$，$\{C_1, X_4, X_5, X_6, X_7, X_8, X_9, X_{11}, X_{12}, X_{13}, X_{14}, X_{15}, X_{16}, X_{17}, X_{18}, X_{19}, X_{20}, X_{21}, X_{22}, X_{23}, X_{24}\}$，$\{X_1, C_2, X_2, X_3, X_7, X_8, X_9, X_{11}, X_{12}, X_{13}, X_{14}, X_{15}, X_{16}, X_{17}, X_{18}, X_{19}, X_{20}, X_{21}, X_{22}, X_{23}, X_{24}\}$，$\{X_1, X_2, X_7, X_8, X_9, X_{11}, X_{12}, X_{13}, X_{14}, X_{15}, X_{16}, X_{17}, X_{18}, X_{19}, X_{20}, X_{21}, X_{22}, X_{23}, X_{24}\}$，$\{X_1, X_2,$

C_3, X_3, X_4, X_5, X_6, X_7, X_8, X_9, X_{11}, X_{12}, X_{13}, X_{14}, X_{18}, X_{19}, X_{20}, X_{21}, X_{22}, X_{23}, X_{24}}, {C_1, C_3, X_4, X_5, X_6, X_7, X_8, X_9, X_{11}, X_{12}, X_{13}, X_{14}, X_{18}, X_{19}, X_{20}, X_{21}, X_{22}, X_{23}, X_{24}}, {X_1, C_2, X_2, C_3, X_3, X_7, X_8, X_9, X_{11}, X_{12}, X_{13}, X_{14}, X_{18}, X_{19}, X_{20}, X_{21}, X_{22}, X_{23}, X_{24}}, {C_1, C_2, C_3, X_7, X_8, X_9, X_{11}, X_{12}, X_{13}, X_{14}, X_{18}, X_{19}, X_{20}, X_{21}, X_{22}, X_{23}, X_{24}}, {X_1, X_2, X_3, X_4, X_5, X_6, X_7, X_8, X_{10}, X_{11}, X_{12}, X_{13}, X_{14}, X_{15}, X_{16}, X_{17}, X_{18}, X_{19}, X_{20}, X_{21}, X_{22}, X_{23}, X_{24}}, {C_1, X_4, X_5, X_6, X_7, X_8, X_{10}, X_{11}, X_{12}, X_{13}, X_{14}, X_{15}, X_{16}, X_{17}, X_{18}, X_{19}, X_{20}, X_{21}, X_{22}, X_{23}, X_{24}}, {X_1, C_2, X_2, X_3, X_7, X_8, X_{10}, X_{11}, X_{12}, X_{13}, X_{14}, X_{15}, X_{16}, X_{17}, X_{18}, X_{19}, X_{20}, X_{21}, X_{22}, X_{23}, X_{24}}, {C_1, C_2, X_7, X_8, X_{10}, X_{11}, X_{12}, X_{13}, X_{14}, X_{15}, X_{16}, X_{17}, X_{18}, X_{19}, X_{20}, X_{21}, X_{22}, X_{23}, X_{24}}, {X_1, X_2, C_3, X_3, X_4, X_5, X_6, X_7, X_8, X_{10}, X_{11}, X_{12}, X_{13}, X_{14}, X_{18}, X_{19}, X_{20}, X_{21}, X_{22}, X_{23}, X_{24}}, {C_1, C_3, X_4, X_5, X_6, X_7, X_8, X_{10}, X_{11}, X_{12}, X_{13}, X_{14}, X_{18}, X_{19}, X_{20}, X_{21}, X_{22}, X_{23}, X_{24}}, {X_1, C_2, X_2, C_3, X_3, X_7,

X_8, X_{10}, X_{11}, X_{12}, X_{13}, X_{14}, X_{18}, X_{19}, X_{20}, X_{21}, X_{22}, X_{23}, X_{24}\}, \{C_1, C_2, C_3, X_7, X_8, X_{10}, X_{11}, X_{12}, X_{13}, X_{14}, X_{18}, X_{19}, X_{20}, X_{21}, X_{22}, X_{23}, X_{24}\}, \{X_1, X_2, X_3, X_4, X_5, X_6, X_7, X_8, X_9, X_{11}, X_{12}, X_{13}, X_{14}, X_{15}, X_{16}, X_{17}, X_{18}, X_{19}, X_{20}, X_{21}, X_{22}, X_{23}, X_{25}, X_{26}, X_{27}, X_{28}\}, \{C_1, X_4, X_5, X_6, X_7, X_8, X_9, X_{11}, X_{12}, X_{13}, X_{14}, X_{15}, X_{16}, X_{17}, X_{18}, X_{19}, X_{20}, X_{21}, X_{22}, X_{23}, X_{25}, X_{26}, X_{27}, X_{28}\}, \{X_1, C_2, X_2, X_3, X_7, X_8, X_9, X_{11}, X_{12}, X_{13}, X_{14}, X_{15}, X_{16}, X_{17}, X_{18}, X_{19}, X_{20}, X_{21}, X_{22}, X_{23}, X_{25}, X_{26}, X_{27}, X_{28}\}, \{C_1, C_2, X_7, X_8, X_9, X_{11}, X_{12}, X_{13}, X_{14}, X_{15}, X_{16}, X_{17}, X_{18}, X_{19}, X_{20}, X_{21}, X_{22}, X_{23}, X_{25}, X_{26}, X_{27}, X_{28}\}, \{X_1, X_2, C_3, X_3, X_4, X_5, X_6, X_7, X_8, X_9, X_{11}, X_{12}, X_{13}, X_{14}, X_{18}, X_{19}, X_{20}, X_{21}, X_{22}, X_{23}, X_{25}, X_{26}, X_{27}, X_{28}\}, \{C_1, C_3, X_4, X_5, X_6, X_7, X_8, X_9, X_{11}, X_{12}, X_{13}, X_{14}, X_{18}, X_{19}, X_{20}, X_{21}, X_{22}, X_{23}, X_{25}, X_{26}, X_{27}, X_{28}\}, \{X_1, C_2, X_2, C_3, X_3, X_7, X_8, X_9, X_{11}, X_{12}, X_{13}, X_{14}, X_{18}, X_{19}, X_{20}, X_{21}, X_{22}, X_{23}, X_{25}, X_{26}, X_{27}, X_{28}\}, \{C_1, C_2, C_3, X_7, X_8, X_9, X_{11}, X_{12},

X_{13}, X_{14}, X_{18}, X_{19}, X_{20}, X_{21}, X_{22}, X_{23}, X_{25}, X_{26}, X_{27}, X_{28}}, {X_1,

X_2, X_3, X_4, X_5, X_6, X_7, X_8, X_{10}, X_{11}, X_{12}, X_{13}, X_{14}, X_{15},

X_{16}, X_{17}, X_{18}, X_{19}, X_{20}, X_{21}, X_{22}, X_{23}, X_{25}, X_{26}, X_{27}, X_{28}}, {C_1,

X_4, X_5, X_6, X_7, X_8, X_{10}, X_{11}, X_{12}, X_{13}, X_{14}, X_{15}, X_{16}, X_{17},

X_{18}, X_{19}, X_{20}, X_{21}, X_{22}, X_{23}, X_{25}, X_{26}, X_{27}, X_{28}}, {X_1, C_2,

X_2, X_3, X_7, X_8, X_{10}, X_{11}, X_{12}, X_{13}, X_{14}, X_{15}, X_{16}, X_{17}, X_{18},

X_{19}, X_{20}, X_{21}, X_{22}, X_{23}, X_{25}, X_{26}, X_{27}, X_{28}}, {C_1, C_2, X_7,

X_8, X_{10}, X_{11}, X_{12}, X_{13}, X_{14}, X_{15}, X_{16}, X_{17}, X_{18}, X_{19}, X_{20},

X_{21}, X_{22}, X_{23}, X_{25}, X_{26}, X_{27}, X_{28}}, {X_1, X_2, C_3, X_3, X_4, X_5,

X_6, X_7, X_8, X_{10}, X_{11}, X_{12}, X_{13}, X_{14}, X_{18}, X_{19}, X_{20}, X_{21}, X_{22},

X_{23}, X_{25}, X_{26}, X_{27}, X_{28}}, {C_1, C_3, X_4, X_5, X_6, X_7, X_8, X_{10},

X_{11}, X_{12}, X_{13}, X_{14}, X_{18}, X_{19}, X_{20}, X_{21}, X_{22}, X_{23}, X_{25}, X_{26},

X_{27}, X_{28}}, {X_1, C_2, X_2, C_3, X_3, X_7, X_8, X_{10}, X_{11}, X_{12}, X_{13},

X_{14}, X_{18}, X_{19}, X_{20}, X_{21}, X_{22}, X_{23}, X_{25}, X_{26}, X_{27}, X_{28}}, {C_1,

C_2, C_3, X_7, X_8, X_{10}, X_{11}, X_{12}, X_{13}, X_{14}, X_{18}, X_{19}, X_{20}, X_{21},

X_{22}, X_{23}, X_{25}, X_{26}, X_{27}, X_{28}}。考虑以上32个方案可以控制顶

上事件的发生。

3. 基本事件的结构重要度分析

在各事故树基本事件的发生概率相同的基础上，通过比对事故树中各基本事件的结构重要度，可以了解到顶事件的发生与各基本事件的发生存在确切的联系。对顶事件的发生影响越大，那么该基本事件的结构重要度就越大。据此，事故树的结构重要度分析可由最小割集近似得到[132]。具体公式如下：

$$I_{\varphi}(i) = \frac{1}{k} \sum_{j=1}^{n} \frac{1}{R_j} \left(j \in k_j \right) \tag{6-1}$$

式中：$I_{\varphi}(i)$ 为第 i 个基本事件的结构重要度系数近似判别值；k 为包含第 i 个基本事件的最小割集总数；R_j 为含第 i 个基本事件的第 j 个最小割集中的基本事件的数目。

利用上述公式分别计算各个基本事件的重要结构度：

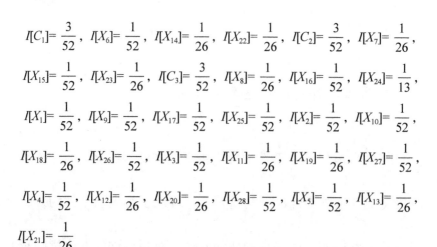

$$I[C_1]=\frac{3}{52}, \quad I[X_6]=\frac{1}{52}, \quad I[X_{14}]=\frac{1}{26}, \quad I[X_{22}]=\frac{1}{26}, \quad I[C_2]=\frac{3}{52}, \quad I[X_7]=\frac{1}{26},$$

$$I[X_{15}]=\frac{1}{52}, \quad I[X_{23}]=\frac{1}{26}, \quad I[C_3]=\frac{3}{52}, \quad I[X_8]=\frac{1}{26}, \quad I[X_{16}]=\frac{1}{52}, \quad I[X_{24}]=\frac{1}{13},$$

$$I[X_1]=\frac{1}{52}, \quad I[X_9]=\frac{1}{52}, \quad I[X_{17}]=\frac{1}{52}, \quad I[X_{25}]=\frac{1}{52}, \quad I[X_2]=\frac{1}{52}, \quad I[X_{10}]=\frac{1}{52},$$

$$I[X_{18}]=\frac{1}{26}, \quad I[X_{26}]=\frac{1}{52}, \quad I[X_3]=\frac{1}{52}, \quad I[X_{11}]=\frac{1}{26}, \quad I[X_{19}]=\frac{1}{26}, \quad I[X_{27}]=\frac{1}{52},$$

$$I[X_4]=\frac{1}{52}, \quad I[X_{12}]=\frac{1}{26}, \quad I[X_{20}]=\frac{1}{26}, \quad I[X_{28}]=\frac{1}{52}, \quad I[X_5]=\frac{1}{52}, \quad I[X_{13}]=\frac{1}{26},$$

$$I[X_{21}]=\frac{1}{26}$$

将计算出的基本事件的结构重要度从大到小进行排序：

$$I[X_{24}]>I[C_1]=I[C_2]=I[C_3]>I[X_7]=I[X_8]=I[X_{11}]=I[X_{12}]=I[X_{13}]$$

$$=I[X_{14}]=I[X_{18}]=I[X_{19}]=I[X_{20}]=I[X_{21}]=I[X_{22}]=I[X_{23}]>I[X_1]$$

$$=I[X_2]=I[X_3]=I[X_4]=I[X_5]=I[X_6]=I[X_9]=I[X_{10}]=I[X_{15}]=I[X_{16}]$$

$$=I[X_{17}]=I[X_{25}]=I[X_{26}]=I[X_{27}]=I[X_{28}]$$

4. 结果分析

从绘制的海岛工程爆破人员伤亡事故树图的结构可以看出，导致事故发生的基本原因有 28 个，其中这些基本事件的组合都会导致事故发生。通过分析可知该事故树有 26 个最小割集，其中任何一个割集的发生都会导致顶事件的发生。因此，该爆破项目的危险性必须引起相关安全管理人员的重视。

从上述分析提供的信息来看，要预防海岛工程爆破人员伤亡事故的发生，应该从分析爆破效应和是否正常起爆开始入手，提高对各基本事件的认识，重点预防那些结构重要度较高的事件，如审核有误、监管不严、电流达到起爆值、装药结构设计不合理、减震空孔设计不当、无放炮信号或放炮信号不清、工作人员未按规定避炮、没有设置安全警戒线、未严格按设计施工、装药时撞击炸药、装药时撞击雷管、边打眼边装药、起爆材料质量问题、起爆网络设计不合理、炸药质量问题、爆破方案审核不严等基本事件，从而达到预防爆破人员被伤害事故发生的目的。

通过对事故树基本事件的结构重要度计算可知，$I[X_{24}]$ 的结构重要度最大，即爆破方案审核不严对出现爆破人员伤亡事故的影响最大；$I[C_1]$、$I[C_2]$、$I[C_3]$ 次之，即审核有误、监管不严、电流达到起爆值也能造成相当大的影响。因此，在施工监管和技术设计方面严格把关，加强施工监督管理，及时发现施工中

存在的漏洞，通过对爆破设计的认真审核，可以发现设计方案

中存在的问题，防止爆破事故的发生。

6.2　海岛工程爆破 Bow-tie 模型的构建

在使用 FTA 方法分析海岛工程爆破人员伤亡事故的基础

上，结合 Bow-tie 模型可以很好地克服 FTA 方法的局限性。本

书将 FTA 分析法与 Bow-tie 模型结合，并运用到海岛工程爆破

的人员伤亡事故的分析中。

6.2.1　Bow-tie 模型简介

Bow-tie 模型（也称 Bow-tie 图、蝴蝶结模型）是一种以导

致事故发生的基本事件为开始，以事件发展的最终结果为结束

的相对成熟的图形化模型[133]。澳大利亚昆士兰大学在帝国化学

工业公司危害分析的课程讲义中最早提出 Bow-tie 模型这一概

念，随后壳牌公司将其应用于 Alpha 钻井平台爆炸危险分析中，

至今这一模型已被广泛应用到生产领域的安全管理和风险辨识工作中。2016 年，在哥本哈根举行的 ATA 国际会议上，该模型被重点推荐为民用航空安全管理与风险分析的有效工具。2016年 6 月，集团安委会正式通过英国民航局（CAA）和安全管理咨询公司引入此模型理念。

完整的 Bow-tie 模型结构图（图 6-2）可以用图示说明危险源、顶事件、风险事件及其潜在结果以及尽量减少风险而建立的风险控制机构。

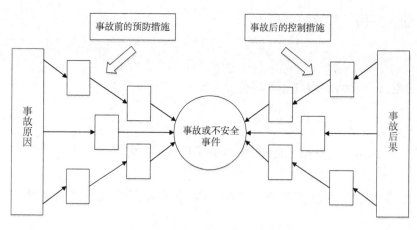

图 6-2　Bow-tie 模型结构图

如图 6-2 所示，在含有防止顶事件风险发生的保护性结构图方法中，针对隐患的预防性措施屏障位于顶事件的左侧，针对结果的纠正或止损性措施屏障则位于顶事件的右侧。

6.2.2　Bow-tie 模型的理论支撑

1. 奶酪 REASON 模型

曼彻斯特大学教授 James Reason 在其著名的心理学专著 *Human Error* 一书中首次提出奶酪 REASON 这一概念模型[134-135]。REASON 模型的内在逻辑是：事故的发生不仅有一个事件本身的反应链，还同时存在一个被穿透的组织缺陷集。事故促发因素和组织各层次的缺陷是长期存在并不断自行演化的，但这些事故促因和组织缺陷并不一定造成不安全事件，但当多个层次的组织缺陷在一个事故促发因子上同时或次第出现缺陷时，则会伴随着多层阻断屏障的破坏，此时不安全事件就悄然发生了。

2. CAPA 理论

CAPA（Corrective Action & Preventive Action）是 ISO9001

推荐的一种质量管理的方法。用相关的分析方法对已出现的或潜在的不合格原因进行分析，同时采取必要的措施防止产品或服务不合格现象发生或再次发生，以及在产品性能、生产过程、控制成本及提高服务质量等方面采取纠正或预防措施，从而不断提高产品与服务质量水平以达到顾客满意的程度。

3. 风险矩阵

风险矩阵法是一种定性的风险评估分析方法，可以通过分析危险发生的可能性与伤害的严重程度来综合评估风险大小，该方法具有简洁、方便、易于理解、图像直观等特点[136-137]。该方法最早由美国空军电子系统中心（Elector Systems Center, ESC）的采办工程小组于 1995 年 4 月提出，此后 ESC 多次采用风险矩阵法对项目进行风险评估[138]。风险矩阵法将事故的风险等级划分为四级，从高到低分别为红、黄、橙、绿，见表 6-2。利用风险矩阵法可以提出对系统影响较为关键的风险因素，并将风险因素发生的可能性以及对系统的影响程度进行量化，并根据预先制定的风险发生的可能性、风险造成的后果的影响程度准则评定风险因素等级。风险程度可由风险发生的可能性与风险造成的后果的影响程度决定，具体公式如下：

$$R = P \times S \tag{6-2}$$

式中：P 为风险发生的可能性；S 为风险造成后果的影响程度；R 为风险程度。

表 6-2　风险矩阵评估表

风险概率 （P）	风险严重性（S）				
	灾难性的 A	有危险的 B	重大 C	较小 D	可忽略 不计 E
频繁 5	5A	5B	5C	5D	5E
偶发 4	4A	4B	4C	4D	4E
少有 3	3A	3B	3C	3D	3E
不可能 2	2A	2B	2C	2D	2E
极不可能 1	1A	1B	1C	1D	1E

4. ALARP 风险可接受准则

ALARP 准则的含义是：任何工业活动都具有风险，不可能通过预防措施彻底消除风险，必须在风险水平与利益之间做出平衡[139]。ALARP 准则最早是由英国健康、安全和环境部门（Health、Safety and Environment, HSE）提出的进行风险管理和决策的准则，现已成为可接受风险标准确立的基本框架[140]（如图 6-3 所示）。ALARP 准则包括两条风险分界线（容许上线与容许下线），分别称为风险可接受上限、风险可接受下限。两条线将风险分为三个区域：风险不可接受区、合理可行的最低限度区（ALARP 区）和风险可接受区。若风险评价所得的风险等级落在风险不可接受区，除特殊情况，该风险无论如何不能被接受；若风险等级在风险可接受区，由于风险水平很低，无须采取安全改进措施；若风险等级在 ALARP 区，则需考察实施各种降低风险水平的措施后的后果，并进行成本效益分析，确定该风险是否可以接受[141]，如增加危险防范措施不能显著降低系统风险水平，则认定该风险不可接受。

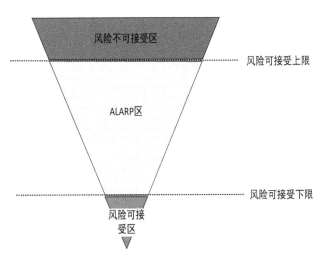

图 6-3　ALARP 准则概念图

6.2.3　Bow-tie 模型的建立

Bow-tie 模型是根据半定性、半定量的方法对不安全事件进行分析，是由荷兰 CGE 公司研发的一款风险管理软件，通过设置层层安全屏障和采取有效控制措施减少事故的发生[142]，其 Bow-tie 模型分析步骤如图 6-4 所示。

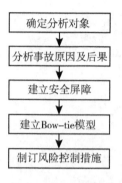

图 6-4　Bow-tie 模型分析流程图

Bow-tie 模型分析不安全因素是通过顶事件、危险源、威胁和后果之间的联系，提出有效措施后对其进行监控，并持续对控制措施进行改善以及随时更新控制措施的各类分析文件[143]。此模型主要是对已识别的各个不安全因素进行定性、定量分析，尤其是对隐患预防和控制措施进行系统评估，最终形成系统风险管理和对有关管理方案进行持续的监控。本书主要运用 Bow-tie 模型对海岛工程爆破作业的危险源进行相应的分析，并提出有效的控制措施。

1. 确定分析对象

由于在工程爆破作业的人员伤亡事故中，爆破飞石事故发生频率最高，同时爆破飞石事故也是最难预测和控制的爆破有害效应，故本书选取爆破飞石事故作为 Bow-tie 模型的顶事件。

2. 分析事故原因及后果

通过上述分析可知，爆破飞石事故主要分为警戒区内爆破飞石伤人事故与警戒区外飞石伤人事故。警戒区内爆破飞石事故主要是由人为管理因素引起的，警戒区外飞石伤人事故主要是在爆破环节上出了差错，因此 Bow-tie 模型中主要威胁有无放炮信号或放炮信号不清、工作人员未按规定避炮、没有设置安全警戒线、未严格按设计施工、爆破方案审核不严、早爆等。爆破飞石事故的危害较大，可能会导致人员受到伤害或设备彻底被损害，严重时还会使作业人员肢体伤残、丧失劳动能力、死亡等。

3. 建立安全屏障

根据最新的中华人民共和国国家标准《爆破安全规程》可

建立如下事故前预防屏障：在爆破前应发出预警信号与起爆信号；各类信号应使工作人员能清晰地听到和看到；企业应设专门的教育培训课程；通达避炮掩体的道路畅通；应设有明显的危险区边界标识，并派出岗哨；设专人执行警戒任务，到达指定地点并坚守岗位；靠近水域爆破时，水域警戒应配有指挥船与巡逻船；爆破方案设计评估应有持证爆破工程技术人员参与；在爆破设计方案修改后应重新上报评估；实施爆破作业时，应进行安全监理；爆区有杂散电流的情况下，不采用普通电雷管起爆；爆破作业人员穿戴防静电衣物；雷电天气来临时，停止爆破作业。

4. 制订风险控制措施

事故后应急保障为：现场应急指挥与组织演练，提高岛内医疗救护水平等；对设备采取就地保护措施，进行设备检测并及时维修。爆破飞石事故的 Bow-tie 模型图如图 6-5 所示。

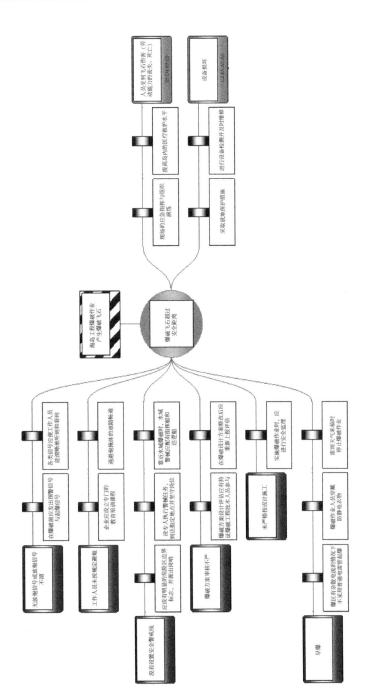

图 6-5 爆破飞石事故的 Bow-tie 模型图

6.3　人员定位系统的需求分析和总体设计

6.3.1　系统所需的相关技术研究

1. 常用定位技术的比较

常见的室内定位技术主要有 ZigBee 技术、蓝牙技术、超宽带技术、超声波定位技术、RFID 技术以及 Wi-Fi 技术等[144-145]。可用于室外远距离定位的技术较少，常用的是 GPS 技术[146]。为了确定海岛工程爆破作业现场的定位技术，本书在定位精度、可靠性、成本、安全性、实时性、功耗等方面对常用的定位技术进行了比较。常用定位技术比较见表 6-3。

表 6-3　常用定位技术比较

定位技术	ZigBee	蓝牙	超宽带	超声波定位	RFID	Wi-Fi	GPS
定位精度	2～5 m	3～15 m	分米级	厘米级	厘米级	5～10 m	5～30 m
抗干扰	较强	较弱	强	强	弱	强	强
穿透性	好	好	好	差	差	较差	差
是否实时定位	是	是	是	是	是	否	是
安全性	较高	较高	极高	高	较低	低	高
成本	低	低	高	高	极低	较低	高
功耗	低	较低	低	高	极低	较高	较高
备注	扩展能力强	主要应用于小范围定位	成本高、精度好	定位距离有限	只能实现区域定位	功耗高、稳定性差	只能实现室外定位

通过上述的定位方法的比较可知，ZigBee 定位技术在定位精度、安全性、成本与功耗方面都具有一定的优势，因此选择 ZigBee 技术作为本书的定位技术。

2. ZigBee 技术

(1) ZigBee 技术简介

ZigBee 技术是根据 IEEE 802.15.4 标准专门为低速、短距离的控制网络所设计研发的无线网络协议 [147]。作为一种标准统一的、传输距离近、功耗低、成本低、复杂度低的无线网络技术，它可以在很多个体积微小的传感器之间相互协作，使其相互间的通信得以实现 [148]。如此组合形式的传感器只需要很少的能量就可以维持工作状态。它利用无线电波以接力传递的形式把数据从其中一个节点传输到另外一个节点，之后再把这些得到的数据信息输入计算机中进行分析与处理。ZigBee 有多种工作频段，一般而言，全球的工作频段是 2.4 GHz，欧洲的工作频段为 868 MHz，美国的则为 915 MHz，ZigBee 在欧洲和美国这两个频段上的传输速率分别为 20 kbit/s 和 40 kbit/s[149]。

(2) ZigBee 设备类型

ZigBee 中有三种设备类型，按功能不同可分为协调器、路由器和终端设备；按功能完整性可分为全功能设备（full function device，FFD）和简化功能设备（reduced function device，RFD）。

协调器是 ZigBee 网络的核心设备，每个 ZigBee 网络只有一个协调器，它主要负责建立、维持和管理网络，接收各节点信息，与上位机通信等；路由器主要负责网络的扩展以及将其他路由器信息和周边的终端节点信息发送给协调器；终端设备主要执行系统应用层的功能，在 ZigBee 网络中只有终端节点适合设计为简化功能设备。

3. 无线测距技术的比较

（1）到达信号强度（received signal strength indicator，RSSI）测量法

RSSI 技术主要是根据节点接收到的信号强度值，通过传播信号的经验或理论模型公式直接转换成其距离值，而所利用的模型公式基本能够决定距离的转换精度。通常情况下，RSSI 技

术的精确度并不高。理论上，设备所接收到的 *RSSI* 值会随着距离的增加和信号的衰弱而降低，因此根据这样的关系可以直接通过 *RSSI* 值求得两个节点直接的距离量。而在实际情况下，研究人员通常利用 *RSSI* 与距离之间的换算模型，将监测到的信号强度值转化成距离值[150]。具体公式为：

$$d = \frac{10^{|RSSI|-A}}{10n} \tag{6-3}$$

式中：d 为计算所得的距离；*RSSI* 为接收信号强度；A 为发射端和接收端相隔 1 米时的信号强度；n 为环境衰减因子。

（2）到达时间（time of arrival，TOA）测量法

到达时间技术主要是通过利用电磁波的传播来测量信号发射端与接收端之间的距离来实现的[151-152]。根据 TOA 中发射信号和接收信号的对象是否相同，将它的模式分为两类，即 A 类和 B 类。A 类模式到达时间测量法的信号发射端与信号接收端不相同，这就使得两种设备必须实现时间同步，即由同样的时钟同步系统记录下信号发射时间与信号接收时间，做差后即可

得到传播时间；B 类模式到达时间测量法的信号发射端与信号接收端相同，可用图 6-6 展示其原理：信号从发射端发射到达目标物体后返回到信号接收端，根据记录信号从发射到返回的时间 T_1、T_2 即可求得信号发射端与目标物体的距离 d：

$$d = \frac{T_2 - T_1}{2} \cdot c \qquad (6\text{-}4)$$

式中：c 为光速；T_1 为信号从发射端到达目标物体的时间；T_2 为信号返回发射端的时间。

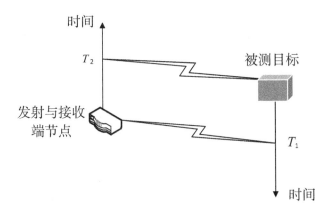

图 6-6　TOA 测量法原理图

由于光的传播速度较快，这种测距方式对硬件设备有着极高的要求，因此该技术容易产生误差。

（3）到达时间差（time difference of arrival，TDOA）测量法

TDOA 测量法可用图 6-7 展示其原理：信号发射端 A 在 T_0 时间同时发射两种速度的信号，v_1 速度信号在 T_1 时间到达信号接收端 B，v_2 信号在 T_2 时间到达接收端 B，则信号发射端 A 与信号接收端 B 的距离 d 可用如下公式表示：

$$d = \frac{v_1 v_2 (T_2 - T_1)}{v_1 - v_2} \qquad (6-5)$$

式中：v_1 为传播较快的无线信号传播速率；v_2 为传播较慢的无线信号传播速率。

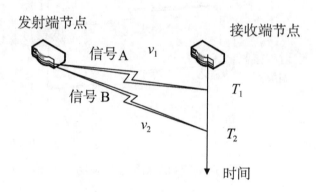

图 6-7　TDOA 测量法原理图

在无延迟的情况下，TDOA 测距法求得的距离值的测量精度较高，但是该方法对硬件设施有着较高的要求[153]，而且测试

过程要克服回声干扰和空气湿度、温度对信号传播速度的影响，因此该方法的环境适应性较弱。

（4）到达角度（angle of arrival，AOA）测量法

AOA 测量法技术主要根据信号接收端接收的发射信号的不同到达角度来定位信号接收端的绝对位置坐标。如图 6-8 所示，装有天线阵列的基站依据目标发射的信号确定入射角度，在已知基站 1 与基站 2 坐标的基础上，根据其几何意义即可求得被测目标的坐标。

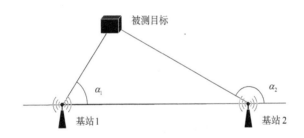

图 6-8　AOA 测量法原理图

虽然该技术有着较高的测量精度，但缺点也十分明显。较高的成本、巨大的硬件体积与较高视距要求都阻碍了该技术在无线测距领域的应用。

不同的测距方法，因其自身特性与外部的环境因素，在实

际运用中有较大差别，表6-4从硬件完成难度、测量精度、成

本、功耗、安全性、实际应用难度等方面进行了比较。

表6-4　测距方法比较

测距方法	硬件完成难度是否较小	成本是否较低	测量精度是否较高	功耗是否较低	安全性是否较高	实际运用难度是否较小
RSSI	√	√		√	√	√
TOA		√	√	√	√	√
TDOA			√		√	
AOA			√			

通过上述比较可以看出，RSSI测距方法在硬件完成难度、

成本、功耗、安全性等方面具有一定的优势，能够较好地运用

在工程领域。

6.3.2　系统的设计原则

1. 用户管理模块

系统的用户分为两个级别：系统管理员与普通监控人员。

系统管理员可以操作整个系统，包括服务器数据库维护、设备

管理、人员管理、客户端的监控功能、各种数据的查询打印；普通监控人员的权限较小，以监控作业人员活动状态为主，防止意外事件的发生。

2. 人员管理模块

人员管理主要包括作业人员和监控部门等基本信息的管理。爆破现场是个很特殊的区域，需要严格限制非工作人员的活动范围，在实施爆破时，警戒区域是不允许任何人员进入的，所以人员管理模块必须具有授权作业人员进出某些区域的功能。当作业区域内遇到突发事件时，需要系统能够提醒相关部门领导，以便尽快解决事件。

3. 设备管理模块

实现系统定位监控功能的位置信息由 ZigBee 定位网络节点设备自动获取。系统通过分析由这些设备获取的人员位置信息来监视工作人员的活动，确定其是否在正常活动范围内。因此，节点设备的正常运行是整个系统稳定运行的前提条件。设备管理模块的主要功能包括协调器配置、参考节点配置、人员卡配置、串口配置和设备故障信息管理。

4. 定位监控模块

定位监控模块是系统的核心功能模块，通过该模块可以实现对作业人员在工作区域的全天候监控管理，系统将以图形化的方式显示监控区域的人员活动情况。定位监控模块主要包括四个主要功能：人员位置查询、活动轨迹跟踪、区域人数显示和历史轨迹回放。本系统以图形化的方式描述监控作业区域工作人员的活动情况，其实质就是在监视屏幕上实时、动态地描绘作业人员（人员卡）在监控区域内的活动情况。爆破作业人员轨迹跟踪和历史轨迹回放都是在人员定位的基础上实现的，将连续一段时间内某一个目标的每次定位的坐标点连线显示输出，这样便在地图上生成该被定位人员一段时间内的活动轨迹。

5. 安全预警模块

安全预警模块主要是为了在警戒信号发出后，部分工作人员因没及时获得信息而未撤出警戒区而设计，当此类情况发生时，系统应立即报警，爆破作业系统也要及时停止。安全预警模块主要实现对监控区域中的异常情况及时做出反应，对监控人员发出警报。本系统在不同性质的监控节点采取不同的报警策略，如某些出入口禁止通行，一旦检测到有人员通行立即产生警报，并向监控中心计算机发出警报指令，提醒监控人员；一些人员在出入口长时间逗留，一旦检测到这种行为，立即向计算机发出警报，由监控人员做出相应处理。随着移动设备的大量普及，也可以将这些监控信息和报警信息通过移动互联网发送到手机等移动设备上实现远程智能监控。

6.3.3　系统的软硬件设计及部分功能界面的实现

1. 系统的硬件设计

（1）硬件设备的选取

CC2530芯片是由德州仪器（TI）公司生产的一款集成芯片，主要用于无线传感网络中的数据传输，可以用于2.4-GHz IEEE 802.15.4、ZigBee和RF4CE应用的一个真正的SoC解决方案[154]。它能够以非常低的功耗和较低的成本来建立强大的无线传感网络，可以帮助我们进行一些实际的工程应用。CC2530提供了101 dB的链路质量、优秀的接收器灵敏度、较强的抗干扰性、四种供电模式、多种闪存尺寸，以及一套广泛的外设集——包括2个USART、12位ADC和21个通用GPIO等。除了通过优秀的RF性能、选择性和业界标准增强8051MCU内核，支持一般的低功耗无线通信，CC2530还可以配备TI的一个标准兼容或专有的网络协议栈（RemoTI, Z-Stack,

或 SimpliciTI）来简化开发。CC2530 广泛应用于家庭 / 楼宇自动化、照明系统、工业控制与监控、低功耗无线传感网络、医疗保健中。

与第一代 CC2430 相比，CC2530 具有更高的 RF 性能和高达 256 kB 的闪存，可支持更大的应用；功能强大的地址识别和数据包处理引擎可以很好地匹配 RF 前端，并具有更小的封装；还具有 IR 一代电路，并支持 ZigBee PRO 和 ZigBee RF4CE。对于现有的基于 CC2430 的产品，升级到 CC2530 需要新的 PCB 板，并且根据应用和网络协议，只需对软件堆栈端口进行微小更改。CC2430 和 CC2530 完全兼容 IEEE 802.15.4，因此只要网络协议和应用程序相互兼容，基于 CC2530 的新设备可与任何基于 CC2430 的设备（或任何 IEEE 802.15.4 兼容无线电）通信并兼容。CC2530 引脚图如图 6-9 所示。

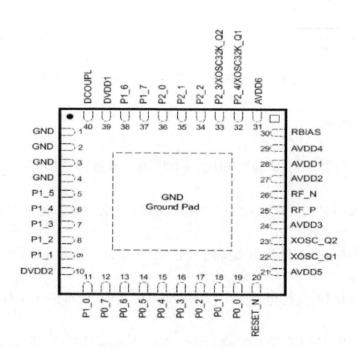

图 6-9　CC2530 引脚图

（2）中心协调器的设计

中心协调器作为定位网络的控制中枢，首先它需要接收由监控主机提供的每个参考节点与移动节点的配置数据，再根据无线通信的方式收发至相应的节点；能够接收每个节点所提供的有效数据，并传输至上位机，因此可以看出，在整个定位网络中，中心协调器还充当着以太网与无线 ZigBee 网络数据交换所必须的网关功能。总体来说，中心协调器具有以下功能：

①中心协调器需要具有控制和管理网络的功能。具体流程为：建立网络通信连接，初始化定位网络，向其他功能组件发送控制信息，得到其他功能组件的反馈信息，管理 ZigBee 路由器，合理分配数据传递路径。

②中心协调器需要具有通过串口与计算机通信的功能，自动定时向上位机回报状态信息。

③中心协调器需要转发计算机数据，用于配置或请求配置参考节点与定位节点；在计算机发出请求定位指令时，回传目标节点的坐标。

中心协调器的强功能性和高通信可靠性需要综合考虑，本书选用微型控制器和无线收发模块来构建中心协调器的硬件系统。无线收发模块通过通用异步收发传输器接口与微控制器进行通信，微控制器将接收到的信息数据以 TCP/IP 协议数据包的形式通过以太网模块发送到以太网上。中心协调器的模型设计结构如图 6-10 所示。

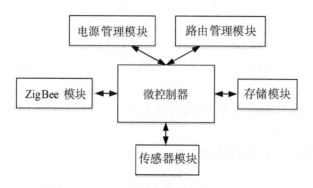

图 6-10 中心协调器的模型设计结构图

（3）参考节点的设计

参考节点作为定位网络中的 ZigBee 路由器，要具有两个方面的功能：

①路由器要作为远程设备之间的中继器来进行通信，可以扩展定位网络的范围。路由器通常与终端设备一同加入网络之中，它们从中心协调器或处于网络中的其他路由器那里获得系统相关信息，其他设备可以利用这些信息设置操作参数，并加入定位网络中。

②路由器主要用来负责中心协调器与终端设备之间信息交互。当某个定位节点发出数据传输请求时，路由器会根据移动定位节点所处的位置为其提供有效的最佳传输路径。参考节点

模型设计结构图如图 6-11 所示。

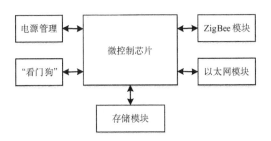

图 6-11 参考节点模型设计结构图

ZigBee 无线模块用来与网络内各个功能设备之间进行数据交换和传输；存储模块作为人员信息数据和定位信息数据传输的临时缓冲区，接收多个移动定位节点设备同时发送的数据位。参考节点要广泛分布于作业现场的个人活动区域，它的分布密度与定位精度的要求有直接关系。

(4) 移动节点的设计

移动节点作为 ZigBee 自组网络中的终端节点，它可以随意分布在网络中。由于移动终端节点在整个网络内处于数据传输的最底层，因此要求该设备必须具有数据传输的触发机制，以确保定位网络内数据传输的稳定性和定时性。同时，它也要通过无线模块经由 ZigBee 无线网络向参考节点广播定位数据提供定位坐标。由于移动节点需要待定位人员直接携带在身上，因此要求它具有低功耗、微辐射、抗干扰、便于携带、耐磨损等特点。

图 6-12 给出了移动节点的设计方案。电源管理模块能够在使用电池供电时实时采集电池的剩余电量，并估算出可延用的时间。CC2530 可以看作移动节点的"大脑"，控制且协调着其他每个模块的工作。

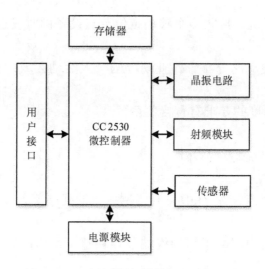

图 6-12　移动节点的模型设计结构图

根据实际需求，工作人员移动定位设备的设计具有以下特点：

第一，采用高强度的防水塑料，防止暴力拆卸。

第二，定义多种图案用来区分员工的职务。

第三，自动定时回报状态信息，通信距离最大 200 米。

第四，关键位置定位节点的部署。

①油库定位节点的部署。临时油库布置于大鱼山岛集中油库区，油库占地面积约 600 m²，储存容量为 200 吨，配备 4 个 50 吨的柴油储存罐。根据二期矿山开采爆破工程情况，油库可以满足施工需要，后期根据现场具体情况搬迁或扩建。人员在进入油库后要处于监控状态，系统能够掌握人员的行动轨迹。根据定位器的信号强弱进行区域性定位，设定一定的信号覆盖半径。油库的定位节点部署如图 6-13 所示。

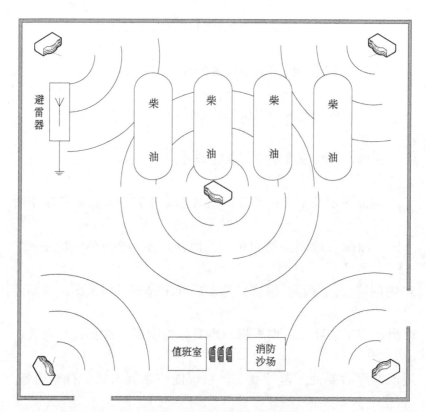

图 6-13　油库的定位节点部署图

　　②炸药库定位节点的部署。二期矿山开采爆破工程为离岛施工，交通极为不便，所有物资都需要通过海运上岛，受大风、大浪和大雾等天气影响大，物资保障困难。爆破公司在矿山开采施工过程中建设了鱼山岛唯一的民用爆炸品储存库，工业炸药储量 90 吨，工业雷管储量 5.8 万发，是浙江省最大的移动储存库，具有良好的储存和调节功能。由于炸药库性质特殊，现

场不能有带电设备，故只能在出入口放置定位节点，且线路保护必须为金属管保护，管内与管外完全隔离。炸药库与雷管库定位节点部署如图6-14与图6-15所示。

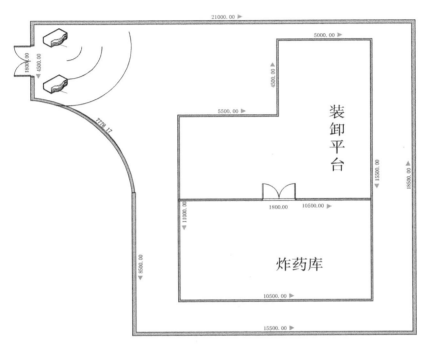

图6-14　炸药库的定位节点部署

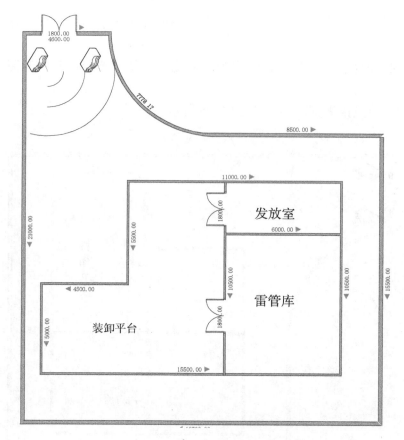

图6-15　雷管库的定位节点部署

2. 系统的软件设计

(1) 数据库的设计

本监控系统的所有功能是建立在对系统数据库基本操作的基础上实现的，因此数据是决定系统性能优劣的关键环节。良好的数据库设计能够减少数据的冗余率，并提高数据库的储存空间利用率与检索信息的速率[155-156]。

数据库设计是指在一个给定的应用环境中构建最佳的数据库模式，建立数据库与相应的应用系统，使之能够有效地储存数据，满足用户的相关数据与信息的需求。根据各种应用处理的要求，把数据加以合理组织，使之满足硬件与操作系统的特点，利用现有的数据库管理系统来建立可以实现系统目标的数据库。

（2）系统 E-R 图

结合第 3 章对于系统的需求分析，考虑到系统各种功能的实现，本系统设计中的实体为：作业现场工作人员信息、记录工作人员的相关信息，如姓名、性别、年龄等基本信息。此外，绿色石化园区在工作人员入职时提供一个可佩戴的人员卡式的移动定位终端，通过该人员卡，系统可随时查询作业人员的位置信息，因此在人员表中须包含对应人员卡信息（见图 6-16）。

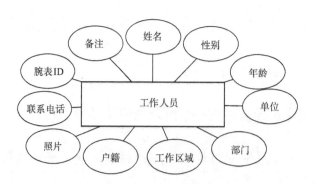

图 6-16　工作人员 E-R 图

①人员卡信息。记录人员卡的相关信息，如发卡时间、人员 ID 使用情况和使用时间等（图 6-17）。

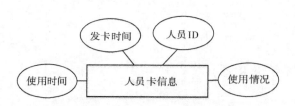

图 6-17　人员卡信息 E-R 图

②位置信息。记录作业现场工作人员的位置信息，包括人员 ID、定位时间、参与定位的区域 ID、设备 ID（图 6-18）。

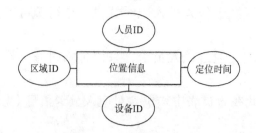

图 6-18　位置信息 E-R 图

③设备信息。记录参考定位节点和协调器等设备的相关信息，如设备坐标、设备类型、检修信息、使用情况等（图6-19）。

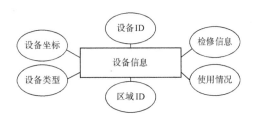

图6-19　设备信息 E-R 图

④管理员信息与用户信息。管理员在系统中的权限要大于普通用户，能够管理普通用户的信息，如 ID、姓名、密码、联系电话、电子邮箱等（图6-20）。

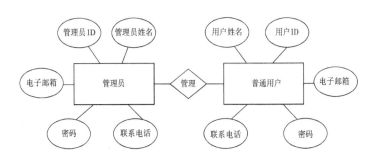

图6-20　管理员信息与用户信息 E-R 图

⑤区域信息。描述监控区域的相关信息，如区域名称、类型、范围等。其中区域类型包括爆破作业现场、员工宿舍、食堂、围堤、油库、炸药库、雷管库等。

⑥区域进出相关记录。记录工作人员每次进出各个区域的时间。

⑦告警信息。记录系统中的告警信息，包括事故发生的时间、地点及直接原因、事故类型、事故发生时人员的伤亡程度、人员 ID、区域 ID、人员卡 ID、事故内容描述等。

（3）数据表的建立

本书选用 MySQL 作为后台的数据库，并依据上述的系统需求在数据库中建立相应的数据表。表是用于储存和操作数据的一种逻辑结构，在系统设计过程中，我们将库表数据元素统一了标准。数据元素的数据类型有以下四种：变长字符型（varchar）、定长字符型（char）、日期和时间型（datetime）、整数型（int）。考虑到系统各种功能的实现需要，在数据库建立的数据表为：作业现场工作人员信息表、人员卡信息表、设备信息表、位置信息表、设备故障表、区域信息表、区域进出记录表、权限信息表、告警信息表等多个表单。下面展示部分如表 6-5~表 6-11 所示。

表 6-5 工作人员信息表

字段名	含义	类型	可否为空	备注
PCID	人员卡编号	int	NOT NULL	主键
Name	姓名	varchar(10)	NOT NULL	
Sex	性别	char(2)	NOT NULL	
Year	年龄	char(3)	NOT NULL	
Unit	单位	varchar(50)	NOT NULL	
Department	部门	varchar(30)	NOT NULL	
Area	工作区域	varchar(30)	NOT NULL	
Birthplace	户籍	varchar(30)	NOT NULL	
Photo	照片	varchar	NOT NULL	图像存放路径
ContactNumber	联系电话	varchar(50)	NOT NULL	
Note	备注	text	NULL	

表 6-6 人员卡信息表

字段名	含义	类型	可否为空	备注
PID	人员 ID	int	NOT NULL	主键
PCID	人员卡编号	int	NOT NULL	
Allocate	发卡时间	datetime	NOT NULL	
Situation	使用情况	varchar(50)	NULL	

表 6-7 位置信息表

字段名	含义	类型	可否为空	备注
PID	人员 ID	int	NOT NULL	
DID	设备 ID	int	NOT NULL	
AID	区域 ID	int	NOT NULL	
Situation	定位时间	datetime	NOT NULL	

表 6-8　设备信息表

字段名	含义	类型	可否为空	备注
DID	设备 ID	int	NOT NULL	主键
AID	区域 ID	int	NOT NULL	
DeviceType	设备类型	varchar(30)	NOT NULL	
Situation	使用情况	varchar(50)	NULL	

在设备坐标数据类型的设计中，如果把 X、Y 的坐标值设定为一个字段，在查询时就会带来一定的麻烦，故将每一个坐标设为一条记录，每个 X、Y 坐标值设为一个字段，这样通过一定的索引就能容易进行查询。

表 6-9　设备坐标信息表

字段名	含义	类型	可否为空	备注
X	X 坐标值	int	NOT NULL	
Y	Y 坐标值	int	NOT NULL	

表 6-10　系统管理员信息表

字段名	含义	类型	可否为空	备注
AdminID	管理员 ID	int	NOT NULL	
Name	管理员姓名	varchar(10)	NOT NULL	
Password	密码	varchar(30)	NOT NULL	
Email	电子邮箱	varchar(50)	NULL	
ContactNumber	联系电话	varchar(50)	NOT NULL	

表6-11　普通用户信息表

字段名	含义	类型	可否为空	备注
UserID	用户ID	int	NOT NULL	主键
Name	用户姓名	varchar(10)	NOT NULL	
Password	密码	varchar(30)	NOT NULL	
Email	电子邮箱	varchar(50)	NULL	
ContactNumber	联系电话	varchar(50)	NOT NULL	

（4）下位机的程序设计

①协调器的功能流程。协调器上电后，先进行硬件电路的初始化，然后按照编译时给定的参数选择合适的信道、合适的网络号，建立ZigBee无线网络，通过上位机命令发出配置参考节点和待定位节点信息，控制通信方式，也可以接收各个节点的数据，然后上传到上位机。协调器的功能流程如图6-21所示。

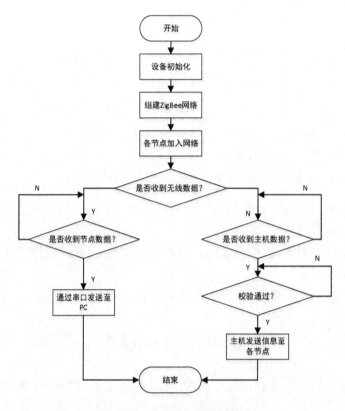

图 6-21　协调器功能流程图

②参考节点的功能流程。参考节点在定位网络中是一个位置已知其固定的节点。参考节点的部署必须按照定位网络建设的实际需求合理安排在定位区域中。参考节点加入网络后，根据接收到的数据形式表现为不同的功能。如果接收到的是配置坐标、参数，则将接收到的信息写入 Flash 中；如果接收到的是参考节点配置请求，则将配置信息发送给协调器；如果接收到

的是定位请求，则搜集附近参考节点的 RSSI 值，经过处理后发送给需要定位的移动节点。参考节点的功能流程如图 6-22 所示。

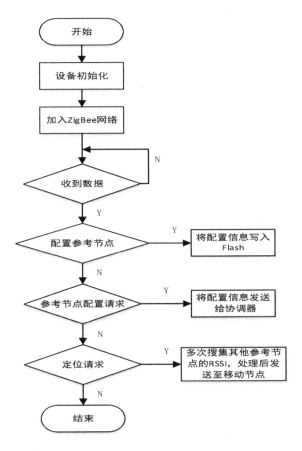

图 6-22　参考节点功能流程图

③移动节点的程序流程。移动节点的功能流程与参考节点的功能流程有相同之处，它们都包括节点信息配置、读取和接收 RSSI，但不同的是，移动节点可以在参考节点信号覆盖范围

中任意移动，移动节点在接收到参考节点的 RSSI 值后，可以通过定位算法计算出自己的位置坐标。移动节点的程序流程如图 6-23 所示。

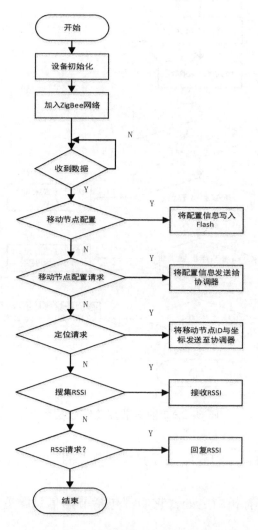

图 6-23　移动节点程序流程图

（5）关键模块的程序设计

①登录注册模块。在使用系统功能登录系统之前，需要注册用户名，设置密码；登录成功后，系统后台会自动更新登录时间，记录登录日志。用户登录注册模块的功能流程如图 6-24 所示。

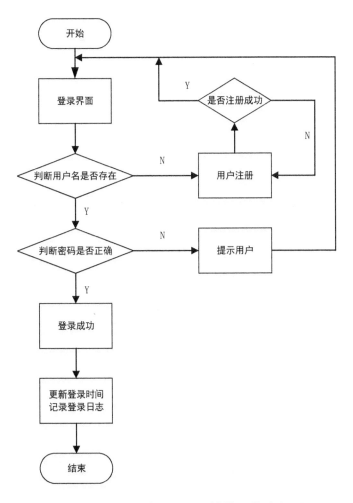

图 6-24　系统登录注册模块工作流程图

②人员信息管理模块。人员信息管理模块的功能流程如图 6-25 所示。

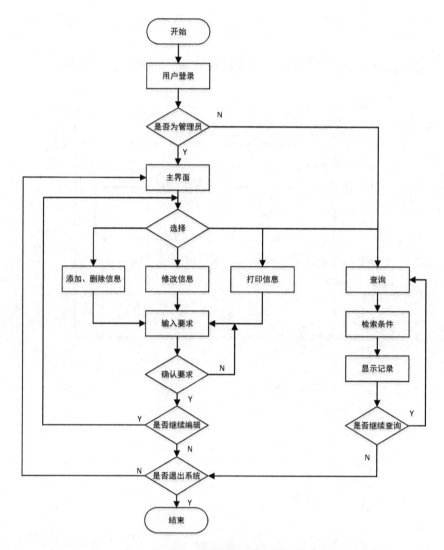

图 6-25　系统人员信息管理模块工作流程图

③定位监控模块。定位监控模块的功能流程如图 6-26 所示。

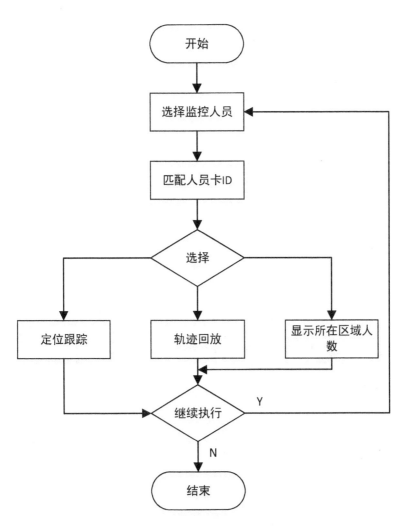

图 6-26　系统定位监控模块功能流程图

④安全预警模块。安全预警模块的功能流程如图 6-27 所示。

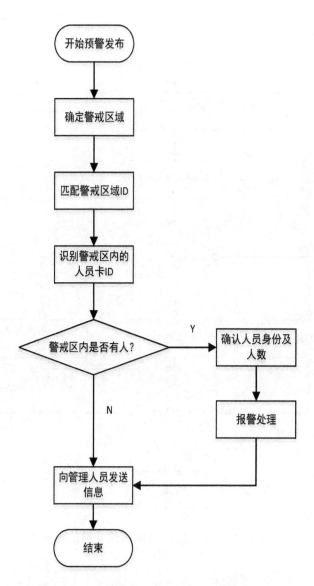

图 6-27　系统安全预警模块功能流程图

（6）部分功能界面的实现

本系统采用微软公司的 Visual Studio 软件开发用户界面，它是一款功能强大的软件开发平台，可以高效开发应用程序，实现良好的人机交互界面。

①用户登录注册。用户登录模块需要完成以下两项任务：根据用户输入的用户名和密码判断是否允许该用户进入系统；未注册的用户将完成注册，系统将根据用户类型决定用户拥有的权限。用户登录模块实现如图 6-28 所示。

图 6-28 用户登录界面

②人员信息管理。技术质量部、生态环境部、施工部、综合管理部、财务部的所有作业人员信息储存在数据库中，通过人员管理界面可以查询到作业人员的所有相关信息，如姓名、人员卡ID、年龄、性别、单位、部门、户籍、照片、联系电话、工作区域、备注等。区别于普通用户的查询功能，系统管理员有权限对所有作业人员的信息进行修改、删除，且能任意添加新作业人员的信息。实现界面如图6-29所示。

图6-29　人员管理界面

③定位监控。人员位置查询、活动轨迹跟踪和历史轨迹回放是建立在人员信息查询的基础上的。在使用这三种功能时，首先要选定所要监控的人员对象。实现界面如图6-30所示。

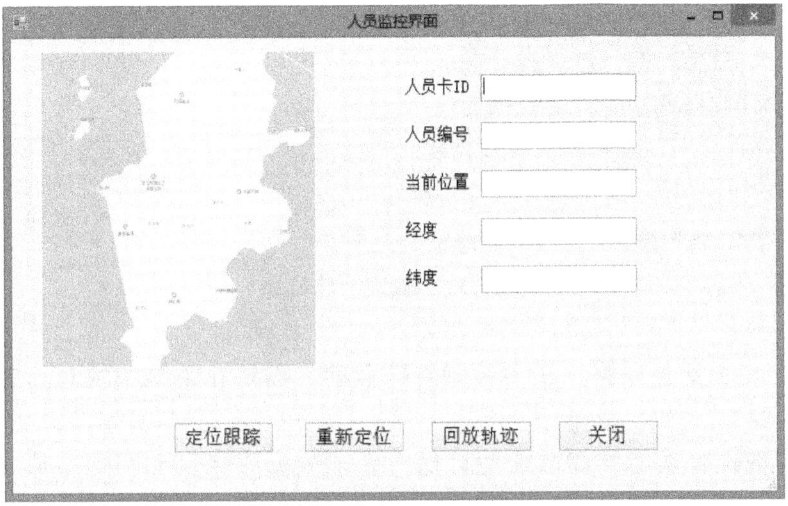

图 6-30　定位监控界面

以回放人员轨迹查询为例，用户点击人员位置回放轨迹按钮，系统根据用户选择的人员对象查找数据库中该名人员的位置信息，同时调用服务器地图库中的地图信息并加载到地图显示框中，并根据人员位置将不同时间段的人员位置以红点的方式相连接，从而形成轨迹显示在地图上。显示界面如图6-31所示。

图 6-31 轨迹回放界面

④安全预警。在实施爆破作业前，需要在系统中填写所要实现预警功能的爆破作业区域，系统数据库将自动匹配警戒区域 ID，然后点击"预警发布"按钮执行监控警戒区域的相关功能。点击"显示人员"按钮，即能在地图中显示警戒区内的所有人员。"短信处理"按钮实现的是将警戒区内的违规作业人员人数与人员信息发送给安全管理人员，提示管理人员进行处理。"报警处理"按钮是在无人处理危险情况的时候进行报警，系统将发布相关信息停止爆破作业。显示界面如图 6-32 所示。

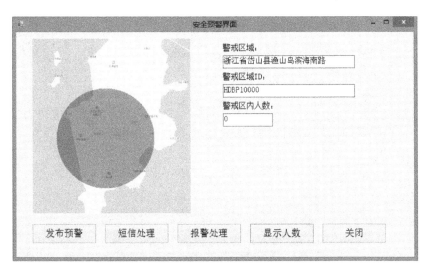

图 6-32　安全预警界面

　　⑤用户管理。本系统用户分为两个级别：系统管理员和普通用户。系统管理员的权限较高，可以操作整个系统，包括服务器数据维护、设备管理、人员管理以及客户端的监控功能、各种数据的查询打印；普通用户的权限相对较小，以监控作业现场与重点区域的安全情况为主，包括人员监控管理、各个事件的定时查看以及告警信息的上报等。用户管理界面如图 6-33 所示。

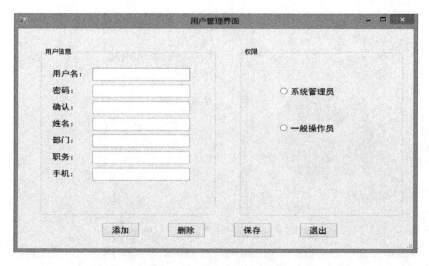

图 6-33 用户管理界面

第 7 章

结论与展望

7.1 结论

　　针对海岛工程爆破作业安全的现状和海岛的特殊地理环境，有关6000万吨/年海岛型石化基地爆破作业现场的主要安全影响因素的确定和边坡、人员、应急资源的管理等关键安全管控技术，结合通信、组网、定位、数据处理等技术手段对海岛工程爆破作业现场事故风险进行分析和安全评价，对海岛工程爆破作业现场安全监控系统、作业现场人员监控预警系统和边坡监测构建了预警系统模型，搭建了工程爆破作业现场边坡和人员监控系统。具体结论如下：

　　（1）通过矿山爆破作业现场分析，结合海岛的特性，类推出海岛工程爆破作业现场事故风险评价指标体系。在此基础上构建解释结构模型，分析各个因素之间的内在联系。基于G1法对各个指标进行指标权重计算与确定，计算得出在 48 个主要影响工程爆破作业安全的因素中，关键影响因素为安全意识、设备的可靠性、相关工作经验、设备防护，其权重值分别为 0.099、0.079、0.062、0.053，也是安全作业中需要关注的重点。运用模糊综合评价法构建了海岛工程爆破作业现场事故风险评价模型。

（2）对工程爆破监控系统所需具备的功能、可靠性、耐用性、精确性、先进性和兼容性进行了系统分析，在此基础上，对监控系统的功能［环境参数监测、爆破有害效应监测、人员定位、报警和主要组成硬件设施（现场监测点、分站、中心服务站、终端）］进行了设计，确定了系统设计的对象和需要具备的功能。

（3）对作业现场边坡稳定性做危险分析，查阅相关文献资料了解相关的危险辨识方法，通过比较后最终运用 BN 技术建立边坡风险源 BN 结构图得到影响边坡的主要危险源，即边坡岩体结构、边坡破坏模式、边坡支护加固设施、水、边坡几何特征。接着采用事故树分析法从人、机、环、管四个方面对边坡稳定性做定性危险分析。通过布尔代数算法和结构重要度计算公式求解事故树模型的最小割集、最小径集和各个基本事件结构重要度，并对各个基本事件结构重要度进行排序分析得出：①本书所构建的工程爆破作业现场边坡失稳事故树中有 96 个最小割集和 3 个最小径集。②根据结构重要度分析可以得到影响边坡失稳最重要的 2 个因素，即边坡的监测和边坡的支护，从而根据每个基本事件结构的排序结果的重要度，制定合理有序的预防措施。

(4) 海岛石化项目工程爆破作业现场具有以下特点：地理位置复杂、气候条件复杂、作业复杂等。通过德尔菲法对作业现场 5 个一级边坡监测预警指标进行筛选、优化，得到 15 个二级预警指标。运用 Yaahp 软件对工程爆破作业现场边坡监测预警指标进行指标权重计算与确定，分析得出边坡几何特征指标 A 和水的影响指标 C 是影响边坡稳定性最多的两个一级指标，需要加强监测。建立科学合理的边坡监测预警指标便于工程爆破日常作业及时发现和排除安全隐患。

（5）对工程爆破作业现场边坡监测系统做需求分析、功能目标分析及性能目标分析。然后，通过对监测预警系统硬件部分的设计，得到了海岛工程爆破监测预警系统的监测系统总体结构示意图、监测系统功能图。其中系统功能模块的选取设计包含了数据采集模块、信息查询模块、变形显示模块、数据统计模块、预警预测模块。最后，通过学习美国国家仪器（NI）公司研制的 LabVIEW 虚拟仪器开发软件对工程爆破作业现场边坡监测系统软件部分进行设计。监控系统软件采用 LabVIEW 语言编写，通过设计得到用户登录的主界面、边坡结构监测子系统的测试界面和边坡位移监测子系统的测试界面，以便于监管人员对作业现场边坡的实际情况进行合理安全的监测。

（6）针对 6000 万吨 / 年石化基地工程爆破作业中实际存在的安全生产问题，本书运用了生产流程分析法与事故树分析法对实际生产过程中的危险因素进行了风险辨识与安全评价，从事故树分析中得出了影响系统安全性的 26 个最小割级与 32 个最小径级，分析了基本事件的重要结构度，得出了基本事件的重要结构度排序。为克服事故树分析法在定性分析上的不足，建立了 Bow-tie 模型，提出了事故前的预防措施与事故后的控制措施。

（7）在作业现场人员监控预警系统的设计过程中，为使系统达到理想使用的情况，从功能与性能两方面进行了需求分析，得出系统应具备的功能有：实时监控、安全预警、人员管理、应急救援保障等；应具备的性能有：易操作性、稳定性、实时性、安全性等。为实现系统的实时定位监控，通过定位技术的比较，决定以 ZigBee 为主要技术进行定位系统的设计，在此基础上确定了系统的工作原理与各模块的主要功能。

（8）在系统的硬件设计方面，选用了德州仪器（TI）公司生产的无线网络传输芯片 CC2530 作为系统的主控芯片，并对协调器、路由器、人员卡等基础设备进行了模型设计。在系统的数据库设备坐标数据类型设计中，将设备的坐标 X、Y 设置为两个独立的记录，这样的设计减少了查询时间和查询难度。在人员信息管理程序的设计上，区分了管理员和普通用户的权限差别；在定位监控程序的设计上，设计了定位跟踪、轨迹回放、显示区域所在人数等基本功能；在预警模块功能的设计上，设计了预警发布、向管理人员与警戒区内人员发送信息、报警等基本功能流程。通过学习计算机语言和 Microsoft Visual Studio 开发者软件，主要设计了用户登录注册界面、人员信息管理界面、定位监控界面、安全预警界面、用户管理界面等，以 C 语言编写的软件程序，实现了良好的人机交互界面。在各模块的功能界面上，可以清楚地看到主要的监控目标、地图、人员行动轨迹与警戒区的范围等信息，实现了用户登录、人员管理、定位监控、安全预警、用户管理等功能。

7.2　展望

海岛工程爆破是一个非常复杂的系统，至今为止，世界各国专家和学者对其的研究还在继续。鉴于作者时间和能力有限，有些问题的探讨还不够深入细致，有些研究也存在诸多不足。展望未来，本书在以下几个方面还有待于提高和拓展。

（1）在构建解释结构模型过程中，大多依靠的是人的经验，主观成分较多，分析结果中会因人的经验导致产生偏差。在以后的研究中，仍需要收集大量海岛工程爆破相关工程资料，请教更多的海岛工程爆破专家，在海岛工程爆破作业现场事故分析研究上准确把握各个影响因素，并全面分析潜在安全因素。

（2）在构建模糊综合评价模型的过程中，确定单因素隶属度时依据的是人的经验，缺乏客观性。在后续研究中，可采用调查表形式咨询各个海岛工程爆破专家，使得各单因素隶属度的确定更准确。

（3）由于有些作业现场边坡监测预警定性指标不易量化，故而本书在确定预警指标时选择了德尔菲法和实际调查等相对主观的评价方法，致使评价结果存在一定的主观意向。

（4）本书系统软件部分采用 LabVIEW 语言编写。由于时间原因，本书只设计了用户登录的主界面、边坡结构监测子系统的测试界面和边坡位移监测子系统的测试界面，而边坡监测系统的软件部分还有待于更多的研究。与此同时，还需要后来的研究学者用不同的软件对监控系统的软件功能部分进行设计和完善。

（5）本书所构建的工程爆破作业现场边坡监测预警系统缺乏实地的监测数据，望以后的研究学者能够结合监测设备、监控软件系统获取作业现场的监测数据并做相应的数据处理及分析，确定出更加科学、精确的预警阈值，从而构建更加自动、智能化的边坡监测预警平台。

（6）基于 ZigBee 的作业现场人员监控预警系统在定位精度方面仍有待提高，主要是因为 RSSI 定位算法容易受到干扰，各种障碍物的阻挡与信号传播过程中的衰减皆能对其精度产生影响。在今后的工作中，须提高人员监控系统的定位精度。

（7）作业现场人员监控预警系统软件的拓展性与通用性还有待进一步提高，希望今后海岛工程爆破作用现场人员监控预警系统能广泛适用于爆破行业与其他行业的安全监控预警领域。

参考文献

[1]郭健，陈英．我国建设海岛型石油化工园区的策略研究[J].管理观察，2016(32)：83-84，87.

[2]张庆峰．基于模糊网络分析的隧道施工风险评价[D].重庆：重庆交通大学，2008.

[3] Einstein H H，Vick S G. Geological model for tunnel cost model[C]//Proceedings of the 2nd Rapid Excavation and Tunneling Conference,1974：1701-1720.

[4]李建华．风险评估在隧道施工中的应用[D].北京：北京工业大学，2016.

[5]傅金阳，黄达，易强，等．公路山岭隧道洞口施工风险分析与评估[J].湖南交通科技，2010，36(2)：158-162.

[6]范明栋.基于模糊数学评价的矿山安全管理体系研究[J].煤炭科技，2017(2)：39-41.

[7]贾玉洁，马欣，石金泉.基于层次分析法的矿山爆破飞石伤人事故风险分析[J].安全与环境工程，2011，18(1)：41-44.

[8]胡国华，夏军.风险分析的灰色随机风险率方法研究[J].水利学报，2001(4)：1-6.

[9] Nguyen H，Bui X N，Tran Q H，et al. A new soft computing model for estimating and controlling blast-produced ground vibration based on Hierarchical K-means clustering and Cubist algorithms[J].Applied Soft Computing Journal，2019(77)：376-386.

[10] Gharehdash S，Barzegar M，Palymskiy I B，et al. Blast induced fracture modelling using smoothed particle hydrodynamics[J].International Journal of Impact Engineering，2019(2)：135.

[11] Yang F, Kong D, Wang F, et al. A traceable dynamic calibration research of the measurement system based on qua-si-static and dynamic calibration for accurate blast overpressure measurement[J]. Measurement Science and Technology, 2018, 30(2): 1088.

[12] 谢先启, 刘昌邦, 贾永胜, 等. 三维重建技术在拆除爆破中的应用 [J]. 爆破, 2017, 34(4): 96-99, 119.

[13] 杨传坤. 基于 Android 的巷道爆破辅助系统设计与实现 [D]. 北京: 中国地质大学, 2017.

[14] 施富强, 廖学燕, 龚志刚, 等. 三维数字化爆破质量评价技术 [J]. 工程爆破, 2016, 22(5): 29-31.

[15] 丁小华. 露天矿安全高效爆破智能化动态设计系统的研究与应用 [D]. 徐州: 中国矿业大学, 2014.

[16] 于谨凯, 杨志坤, 单春红. 基于可拓物元模型的我国海洋油气业安全评价及预警机制研究 [J]. 软科学, 2011, 25(8): 22-26.

[17] 刘年平．煤矿安全生产风险预警研究 [D]．重庆：重庆大学，2012.

[18] 郭峰．房地产预警系统研究综述 [J]．贵阳：贵州大学学报（自然科学版），2005（4）：380-383.

[19] 汤舟．城市燃气管道泄漏检测预警技术研究 [D]．北京：华北科技学院，2016.

[20] 许振．煤矿通防灾害预警预控技术研究及应用 [D]．青岛：山东科技大学，2011.

[21] 郭健．井工金矿采选过程安全预警系统构建及应用研究 [D]．武汉：中国地质大学，2014.

[22] 尹海鹏．工业园危险化学品事故应急系统管理研究 [D]．大连：大连理工大学，2004.

[23] 岳远洋．露天爆破安全多级可拓预警模型与 APP 实现 [D]．武汉：武汉理工大学，2017.

[24] 中国工程爆破协会．工程爆破理论与技术 [M]．北京：冶金工业出版社，2004.

[25] 赵艳飞.工程爆破安全监控技术与安全管理政策研究与应用 [D].成都：西南交通大学，2011.

[26] 王起全，王永柱.我国安全生产信息化现状及发展方向分析 [C]// 中国职业安全健康协会2010年学术年会论文集.2010.

[27] 王璇，颜景龙.论信息化管理在民爆产业链中的应用 [J].工程爆破，2010，16(1)：81-84.

[28] Qu G J,Li J,Huang X F.The information management of explosive materials[J].Engineering Blasting,2003(4)：399.

[29] 杜启军，丁小华.露天矿台阶爆破智能化软件的设计与开发 [J].华北科技学院学报，2012，9(2)：77-80.

[30] 周向阳，徐全军，姜楠，等.上跨运行地铁的南京红山南路隧道爆破安全管理 [J].工程爆破，2011，17(4)：97-99.

[31] 曲艳东，孔祥清，赵辛，等.工程爆破行业信息化建设的探讨 [J].工程爆破，2013，19(z1)：116-119.

[32] 陆明.中国兵工学会民用爆破器材专业委员会召开工

作研讨会 [J]. 爆破器材，2011(6)：40-40.

[33] 汪旭光. 中国工程爆破协会成立 20 周年学术会议：中国爆破新进展 [M]. 北京：冶金工业出版社，2014.

[34] 曲广建，李健，黄新法. 中国爆破安全网 [J]. 工程爆破，2003，9(3)：69-71.

[35] 谭雪刚. 爆破工程管理系统的设计与应用 [D]. 南昌：江西财经大学，2015.

[36] 孙继平. 煤矿安全监控技术与系统 [J]. 煤炭科学技术，2010，38(10)：1-4.

[37] 张水平，陈刚. 国内外金属矿山安全监测现状与发展趋势 [J]. 世界有色金属，2009(6)：28-29.

[38] 丁正飞，黄翔. 基于智能视频分析技术的监控系统 [J]. 中国交通信息产业，2008(5)：95-97.

[39] 谷守禄，鲁远祥. 煤矿监控系统的发展概况及趋势 [J]. 中国安全科学学报，1997(s1)：13-16.

[40] 赵军，李全明，张兴凯，等. 美国煤矿安全生产法律

体系分析及启示 [J]. 煤矿安全, 2008, 39(8): 117-119.

[41] 孙君顶, 李长青, 毋小省. KJ93 矿井安全、生产监控系统中数据传输的研究 [J]. 焦作工学院学报 (自然科学版), 2001(1): 58-61.

[42] 高兴鹏, 陈建宏, 司海峰. KJF2000 矿井安全生产监控系统的应用 [J]. 煤矿机械, 2002(3): 68-69.

[43] 李长青, 朱世松, 赵建贵. KJ93 型矿井安全、生产监控系统中数据交换器的研究与分析 [J]. 工矿自动化, 2000(5): 37-39.

[44] 曲广建, 朱振海, 汪旭光, 等. 远程视频监控技术研究及在工程爆破中的应用 [J]. 工程爆破, 2012, 18(3): 81-84.

[45] 杨年华, 薛里, 林世雄. 爆破震动远程监测系统及应用 [J]. 工程爆破, 2012, 18(1): 71-74.

[46] 韩新平, 吴崇, 王明君. 基于物联网的露天矿智能爆破系统设计研究 [J]. 金属矿山, 2015(4): 250-254.

[47] 赵建华. 引入物联网技术实现爆破全程监控 [C]// 山东

煤炭学会工业信息化专业委员会 2011 年度工作会议暨物联网技术推进煤矿信息化学术论坛学术论文集 .2011.

[48] 徐进军，王海城，罗喻真，等 . 基于三维激光扫描的滑坡变形监测与数据处理 [J]. 岩土力学，2010，31（7）：2188-2196.

[49] 张超 . 基于分布式光纤光栅传感技术的边坡深层水平位移监测方法 [J]. 低温建筑技术，2018，28(7)：116-118.

[50] 赵然，熊自明，张清华，等 . 基于无线测距定位技术抛洒式公路高边坡位移监测系统 [J]. 公路，2018，19（7）：40-44.

[51] 贺凯 . 无人机载雷达在露天矿边坡位移监测中的应用 [J]. 煤矿安全，2018，20(3)：118-120.

[52] 李邵军，冯夏庭，杨成祥 . 基于三维地理信息的滑坡监测及变形预测智能分析 [J]. 岩石力学与工程学报，2004，23(2)：3673-3678.

[53] 张金钟，孙文敬，侯俊，等 . 测量机器人地表位移

监测系统在露天矿边坡监测的应用 [J].黄金，2017，15（4）：66-70.

[54] 王永增.三维激光扫描和 GPS 相结合在矿山边坡监测中的应用 [C]// 第二十三届辽鲁冀晋粤川京七省市金属学会矿业学术交流会论文集.2016.

[55] 滕丽.基于土体力学特性的盾构隧道施工风险监控系统研究 [D].上海：上海大学，2012，1（5）.

[56] 王兆骥.基于桩锚支挡技术的某综合地库基坑支护应用研究 [D].兰州：兰州理工大学，2018，2（4）.

[57] 翟永超.组合式抗滑桩三维地质力学模型试验研究 [D].重庆：重庆交通大学，2016，16（4）.

[58] 郭永建，王少飞，李文杰.应力监测在公路岩质边坡中的应用研究 [J].岩土力学，2013，34（5）：1397-1402.

[59] 何健.降雨入渗条件下的水气响应及边坡稳定性分析 [D].北京：中国地质大学，2018，1（5）.

[60] 马世国，韩同春，徐日庆.强降雨和初始地下水对浅

层边坡稳定的综合影响 [J]. 中南大学学报（自然科学版），2014，45（3）：803-810.

[61] 殷晓红，刘庆元. 地下水压力对边坡稳定的影响 [J]. 湖南冶金，2000，5（9）：31-33.

[62] 张江伟. 降雨条件下边坡稳定性机理以及预警机制的研究分析 [D]. 北京：北京交通大学，2012，1（6）.

[63] 许红涛. 岩石高边坡爆破动力稳定性研究 [D]. 武汉：武汉大学，2006，20（4）.

[64] 任月龙，才庆祥，舒继森，等. 爆破震动及结构面渐进破坏对边坡稳定性影响 [J]. 采矿与安全工程学报，2014，15（5）：435-440.

[65] 侯志强，韩崇昭. 视觉跟踪技术综述 [J]. 自动化学报，2006（4）：603-617.

[66] 耿征. 智能化视频分析技术探讨 [J]. 中国安防，2007（3）：37-49，7.

[67] Zeki, Elnour A M, Ibrahim E E, et al.Automatic inter-

active security monitoring system[J].IEEE，2013：215-220.

[68] 郑洁如 . 基于 GPS 定位的假释人员移动监控系统设计与实现 [D]. 厦门：华侨大学，2015.

[69] 张洋 . 矿井下人员定位视频监控客户端软件设计 [D]. 杭州：浙江大学，2014.

[70] 孙晓亮 . 基于 ZigBee 的监狱人员定位监控系统设计与实现 [D]. 长沙：国防科学技术大学，2012.

[71] 刘元吉 . 基于管理行为控制的煤矿全面安全管理体系研究 [D]. 青岛：山东科技大学，2011.

[72] 郝长胜，尹旭，尚东，等 . 模糊层次分析法在煤矿精细爆破方案选择中的应用 [J]. 能源与环保，2017，39（5）：184-188.

[73] 王庆一 . 快速提升安全管理水平的长效措施 [J]. 电力安全技术，2009，11(6)：41-42.

[74] 林学圣，林吉元，王自力 . 工程爆破的安全问题 [J]. 工程爆破，1996(2)：63-68.

[75] 刘成强.煤矿安全管理方法研究 [D].青岛：山东科技大学，2006.

[76] 周志国，方剑烽，周洋.基于碰撞相容性的载货汽车后下吸能防护装置研究 [J].装备制造技术，2017(4)：260-261.

[77] 刘东东.我国工业企业安全生产隐患管理体系标准研究 [D].哈尔滨：哈尔滨工程大学，2008.

[78] 张莉.桥梁工程坍塌事故风险分析与对策研究 [D].长沙：中南大学，2011.

[79] 杨茂松.冶金矿山矿井安全现状模糊综合评价研究 [D].长沙：中南大学，2008.

[80] 揭锦萍，王月明，葛新，等.消隐数据库平台在燃气安全隐患管理中的应用研究 [J].城市燃气，2016(9)：14-19.

[81] 徐瑞.水质监测预警系统浅析 [J].资源节约与环保，2014(4)：60，63.

[82] 武晓雅，许佳.产品系统的超稳定控制方法 [J].陕西科技大学学报（自然科学版），2010，28(5)：165-168.

[83] 郭健，叶继红，张华文.金矿地下开采生产过程安全预警系统研究 [J].黄金，2017，38(1)：73-75，79.

[84] 杨拓.公私伙伴关系满意度及其影响因素研究 [D].昆明：云南财经大学，2012.

[85] 穆大鹏，缪军翔，郭建.基于风险损失矩阵的海岛型石化企业安全风险与安全投入分析 [J].农村经济与科技，2017，28(14)：116-117.

[86] 闫见英，唐志波，郭健.海岛型高校危险源辨识及风险控制研究 [J].管理观察，2016(2)：124-127.

[87] 谢斌，屈建文，李必红.爆破作业人员管理及培训考核机制探讨 [J].采矿技术，2013，13(5)：107-110.

[88] 武亮.探讨爆破施工现场的安全管理工作 [J].企业技术开发，2014，33(9)：167，178.

[89] 朱传云.爆破有害效应的影响分析 [C]// 湖北省爆破学会，武汉理工大学.湖北省爆破学会第六届学术会议论文集 [C].2001.

[90] Taji M,Ataei M,Goshtasbi K,et al.ODM:a new approach for open pit mine blasting evaluation[J].Journal of Vibration and Control, 2013, 19(11): 1738-1752.

[91] 张亮, 王海亮, 周宜. 工程爆破震动有害效应控制的研究 [J]. 市政技术, 2016, 34(3): 97-99, 103.

[92] Chen Q, Wang H T, Guo-Zhong H U,et al. Monitoring and controlling technology for blasting vibration induced by tunnel excavation[J]. Rock and Soil Mechanics, 2005, 26 (6): 964-967.

[93] Taylor G. The formation of a blast wave by a very intense explosion. Ⅱ. The atomic explosion of 1945[J]. Proceedings of the Royal Society of London, 1950, 201(1065): 175-186.

[94] Needham C E. Blast wave propagation[M].Berlin: Springer Publishing Company, 2018.

[95] Zhou Y. Application of fault tree to risk analysis of blasting flying stones in open-pit mine[J]. Metal Mine, 2011 (6):

140-142，148.

[96] 冀成楼，张宏.工业事故调查与分析的发展历程及趋势 [J].中国安全生产科学技术，2011，7(6)：151-155.

[97] Li S Q, Prof A. Interpretative structural modeling（ISM）analysis on safety status of coal mines[J]. China Safety Science Journal, 2004, 14(12): 37-40.

[98] Hallowell M R, Gambatese J A. Activity-based safety risk quantification for concrete formwork construction[J]. Journal of Construction Engineering and Management, 2009, 135（10）: 990-998.

[99] 白云峰.探究构建新能源企业财务风险预警指标体系 [J].财会学习，2017(3)：33-34.

[100] 王海伟，王强，李少忠，等.基于 ISM 和 AHP 的 LNG 企业安全培训评估体系构建 [J].工业安全与环保，2015 (11)：84-87.

[101] 庞柒，阮平南.基于 ISM 模型的煤矿企业长效安全影

响因素分析 [J]. 中国煤炭，2014（8）：15-20.

[102] 张晓鹏. 危化品基地安全预警评价模型构建研究与应用 [D]. 舟山：浙江海洋大学，2017.

[103] 马文婷. 一种矿山安全自救逃生装置的研发 [J]. 安全，2017，38（9）：13-15.

[104] Alkorta I,Goya P, Paez J A,et al. Synthesis and physico-chemical properties of 6-and 7-monosubstituted pyrazino (2,3-c)-1,2,6-thiadiazine 2,2-Dioxides[J]. Pteridines，2013，2(1).

[105] 杜纪友. 矿井人因事故主动型纵深防御研究 [D]. 青岛：山东科技大学，2007.

[106] 周国勇，陈磊. 信息系统安全检查工作体系设计研究 [J]. 信息网络安全，2012（8）：167-169.

[107] 黎艳珍. 安全培训效果评估体系研究 [D]. 长沙：中南大学，2009.

[108] 苑忠意，黎宸硕. 建筑施工管理科学体系的构建 [J]. 科技创新与应用，2012（8）：137.

[109] 胡晓艳.综合自动化变电站防雷接地 [D].杭州：浙江大学，2012.

[110] 郝长胜，尹旭，尚东，等.模糊层次分析法在煤矿精细爆破方案选择中的应用 [J].能源与环保，2017，39（5）：184-188.

[111] 杜泽超.基于 PPP 视角的中国大型体育场馆建管体系研究 [D].天津：天津大学，2012.

[112] 覃菊莹，吴小欢，占济舟.模糊互补判断矩阵一致性修正新方法 [J].广西大学学报（自然科学版），2006（1）：40-43.

[113] 王员.露天矿山爆破作业模糊综合评价应用研究 [D].成都：西南交通大学，2014.

[114] 曲卉青.基于模糊评价的科技服务业发展选择及其商业模式评价研究 [D].青岛：青岛科技大学，2016.

[115] 王铁，吕梦茹.质量功能展开与 AHP 在铁路货运中的应用 [J].计算机集成制造系统，2018，24（1）：264-271.

[116] 韩传模，汪士果.基于 AHP 的企业内部控制模糊综

合评价 [J]. 会计研究，2009(4)：55-61，97.

[117] 汪旭光. 中国工程爆破与爆破器材的现状及展望 [J]. 工程爆破，2007(4)：1-8.

[118] 刘岩. 基于无线传感网络的矿井安全监测系统研究 [D]. 成都：成都理工大学，2009.

[119] 胡敬东，连向东. 我国煤炭科技发展现状及展望 [J]. 煤炭科学技术，2005，33(1)：21-25.

[120] 张庆渝. 浅析工程爆破技术在城市建设中的应用 [J]. 城市建设理论研究，2014(14)：1-4.

[121] 张英，张益，王冀鲁. 基于框图法的网络存储系统可靠性分析 [J]. 计算机科学，2010，37(6)：102-105.

[122] Ziegel E R. System reliability theory: models, statistical methods, and applications[J]. Technometrics, 2004, 46 (4)：495-496.

[123] 韩利，梅强，陆玉梅，等. AHP- 模糊综合评价方法的分析与研究 [J]. 中国安全科学学报，2004，14(7)：86-89.

[124] Jin J L, Wei Y M, Ding J. Fuzzy comprehensive evaluation model based on improved analytic hierarchy process[J]. Journal of Hydraulic Engineering, 2004(2): 144-147.

[125] 杜金环, 彭霞. 软件质量模糊综合评价模型与实例分析 [J]. 信息技术, 2014(7): 62-65.

[126] 吴忠广, 申瑞君, 万福茂, 等. 岩质高边坡运营安全风险源辨识方法 [J]. 公路交通科技, 2018, 2(3): 8-15.

[127] 黄潇旸. 海岛石化项目工程爆破安全监控系统设计研究 [D]. 舟山: 浙江海洋大学, 2018.

[128] 徐志胜, 姜学鹏. 安全系统工程 [M]. 北京: 机械工业出版社, 2012.

[129] 周德红, 李文, 冯豪, 等. 事故树分析法在 LNG 储存系统风险评估中的应用 [J]. 工业安全与环保, 2016, 42(2): 63-66.

[130] 王俊. 基于事故树分析露天煤矿爆破飞石危险源辨识 [J]. 煤矿安全, 2012, 43(6): 180-183.

[131] 赵孟琳，李默然. 基于事故树理论的煤矿火灾事故原因探讨 [J]. 现代矿业，2010，26(6)：74-77.

[132] 王文才，岑旺，巴蕾. 矿山冒顶片帮灾害事故树分析 [J]. 金属矿山，2010(3)：142-144.

[133] 陈伟炯，卢忆宁，张善杰，等. 跨海大桥船桥碰撞模糊 Bow-tie 风险评估方法 [J]. 中国安全科学学报，2018，28(1)：87-92.

[134] 易云兵. 新建输气管道失效故障树分析 [J]. 天然气技术，2008(4)：73-76，80.

[135] 胡显伟，段梦兰，官耀华. 基于模糊 Bow-tie 模型的深水海底管道定量风险评价研究 [J]. 中国安全科学学报，2012，22(3)：128-133.

[136] 阮欣，尹志逸，陈艾荣. 风险矩阵评估方法研究与工程应用综述 [J]. 同济大学学报 (自然科学版)，2013，41(3)：381-385.

[137] 王海燕，任瑶. 基于 FMEA- 风险矩阵法的铝矾土国

际（海陆）运输风险评估 [J]. 安全与环境工程，2018，25（6）：83-87.

[138] 朱启超，匡兴华，沈永平 . 风险矩阵方法与应用述评 [J]. 中国工程科学，2003（1）：89-94

[139] 仝跃，黄宏伟，张东明，等 . 高放废物处置地下实验室建设期风险接受准则 [J]. 中国安全科学学报，2017，27（2）：151-156.

[140] 李红英，谭跃虎 . 滑坡灾害风险可接受准则计算模型研究 [J]. 地下空间与工程学报，2013，9（S2）：2047-2052.

[141] 姚安林，周立国，汪龙，等 . 天然气长输管道地区等级升级管理与风险评价 [J]. 天然气工业，2017，37（1）：124-130.

[142] 张粉婷 . 基于 Bow-tie 模型的通用航空运行风险管理研究 [D]. 广州：中国民用航空飞行学院，2017.

[143] 闵丹 . 基于 Bow-tie 模型的公路大件运输事故安全风险分析 [D]. 成都：西华大学，2015.

[144] 王乐 . 基于 GPS 和无线传感网络的室外人员定位系

统研究与设计 [D]. 杭州：浙江理工大学，2015.

[145] 田安红，张顺吉. 常见定位技术的分析与研究 [J]. 科技信息，2012(22)：227.

[146] 李渝，李青. 常见无线通信定位技术研究 [J]. 无线通信技术，2012，21(1)：8-12，16.

[147] 沈煜燃. 基于 Zigbee 网络的 LAMOST 新型光纤定位单元的测试与控制 [D]. 合肥：中国科学技术大学，2018.

[148] 李晨曦. 基于嵌入式 Linux 与 ZigBee 技术的智能家居系统设计 [D]. 合肥：中国科学技术大学，2018.

[149] 徐小涛，孙少兰，胡东华，等. ZigBee 协议的最新发展 [J]. 电信快报，2009(9)：9-11.

[150] 陈晓旭，姚晓峰. 基于 RSSI 与 ZigBee 技术的公交车定位方法研究 [J]. 大连交通大学学报，2019，40(1)：103-108.

[151] 孙继平，李晨鑫. 基于 TOA 技术的煤矿井下人员定位精度评价方法 [J]. 煤炭科学技术，2014，42(3)：66-68，72.

[152] 田洪现，杨维. 基于无线局域网的矿山井下定位技术

研究 [J]. 煤炭科学技术，2008（5）：72-75.

[153] 康青. 基于 ZigBee 的工业现场数据采集与定位系统 [D]. 西安：西安电子科技大学，2017.

[154] 曾论，张铮，陶兴鹏，等. 基于 CC2530 的室内定位系统设计与实现 [J]. 湖北工业大学学报，2015，30（1）：80-84.

[155] 戚雪冰. 风电监控系统中时序数据管理系统的设计与实现 [D]. 南京：东南大学，2015.

[156] 杨璐. 基于 GIS 煤矿井下人员定位系统的地面监控平台设计与实现 [D]. 南昌：江西财经大学，2017.

作者著作文献

[1] 管志强，张中雷，叶继红，等 . 复杂环境钻孔爆破震动的安全阈值及预估控制 [J]. 工程爆破，2014，20(5)：13-17.

[2] 沙玮，叶继红 . 基于事故树的海岛爆破飞石风险辨识 [J]. 工程爆破，2019，25(3)：81-85.

[3] 陈晨，叶继红，郭健，等 . 海岛工程爆破作业安全影响因素内在作用机制分析 [J]. 爆破，2019，36(1)：133-138.

[4] 黄潇旸，叶继红 . 基于 AHP 法的海岛型石化项目工程爆破安全模糊综合评价分析 [J]. 农村经济与科技，2018，29(5)：297-299.

[5] 徐坚，叶继红 . 基于事故树的深孔爆破边坡稳定性分析 [J]. 工程爆破，2019，25(3)：86-90.

索　引